葉の用語

単葉

複葉（1回羽状複葉）　複葉（2回羽状複葉）

葉の枝へのつき方

互生
枝にたがいちがいにつく

対生
枝にむかいあってつく

輪生
枝をかこむようにつく

束生
1か所にかたまってつく

高さによる樹木のわけ方

高木
10m以上になるもの

小高木
5～10m以上になるもの

低木
5m以下のもの

つる性木本（藤本）
他の木などに巻きついたりするもの（高さのデータはありません）

この本の使い方

落ち葉の写真
落葉樹では紅葉と枯れ葉、常緑樹では紅葉と緑葉の写真を、紙面上の倍率やとくちょうなどとともに掲載しています。

和名、学名、科名
分類と掲載順は最近の分類体系であるAPG体系にもとづいています。また、は落葉樹、は常緑樹（半常緑樹をふくむ）をあらわしています。

葉のとくちょう
葉の形、大きさ、葉縁の状態、紅葉、落葉の時期などについて説明しています。

樹木のとくちょう
落葉性、葉の枝へのつき方、樹高、分布などについて解説してあります。

種、亜種、変種、品種
生物学的に同じ種類と考えられるまとまりのことを「種」といいます。同じ種の中でも少し違う性質が見られる場合は、より小さなまとまりの「亜種」「変種」「品種」などを使います。この本は種を基本にまとめてあり、その中で品種なども紹介しています。

その他の写真
主に秋冬に落ち葉とともに見られる花、果実、種子、樹皮、冬芽などの写真を掲載しています。

- **落葉**……枝を離れて落ちた葉のこと（落ち葉とも）。また葉が落ちること。
- **緑葉**……緑色の葉のこと。枝についているものが多いが、強風の後など地面に落ちていることもある。
- **紅葉**……変色した葉のこと。また葉が変色すること。鮮やかに色づく落葉樹の葉に使われることが多いが、実際はさまざまな色合いがあり、黄色の場合は黄葉、褐色の場合は褐葉ともいう。
- **枯れ葉**……乾燥して枯れた葉のこと。地面に落ちたものが多いが、樹上に長く残るものもある。

イチョウの落ち葉

落ち葉って、何？

　秋の野山には、たくさんの落ち葉があります。楕円形、丸い形、ハートの形、針のような細長い形、手のひらよりもずっと大きなもの、指でつまみにくいほど小さなもの……。よく見ると、色も形も大きさもさまざまです。きれいな色や変わった形の落ち葉は思わずひろいたくなります。「何という落ち葉だろう？ どんな木なんだろう？」と知りたくなります。

　落ち葉とは、枝を離れて落ちた木の葉のことです。乾燥してくすんだ枯れ葉だけでなく、美しい赤色や黄色が残る紅葉や、強風で落ちた緑葉の落ち葉もあります。

　この本は、僕が野山や公園でひろい集めた「落ち葉のずかん」です。みなさんが手にした落ち葉（枝についたままの紅葉も）を調べるときの助けになるように、身近な環境で見られるもの、とくちょう的なものなど260種の落ち葉について紹介し、また葉を落とす樹木のことや、落ち葉にかかわって生きる生物のことについても解説しました。

　木の葉はふつう、高い枝先にあるのでなかなか近くで見ることができません。でも落ち葉なら手にとってじっくり調べることができます。葉が落ちる秋から冬は樹木を知るのにいい季節です。学校の校庭や公園などの木がある場所で、ときにはさまざまな樹木からなる郊外の森林へ出かけ、足元の落ち葉をひろいながら、それを手がかりにして樹木ウォッチングをしてみませんか。

目次

❶ 落ち葉を調べる〈図鑑編〉

落ち葉の調べ方 …… 4
掲載落ち葉一覧 …… 6
落ち葉の解説 …… 14

〈裸子植物〉
ソテツ科 …… 14
イチョウ科 …… 14
マツ科 …… 14
マキ科 …… 15
コウヤマキ科 …… 15
ヒノキ科 …… 16
イチイ科 …… 17

〈被子植物〉
マツブサ科 …… 18
モクレン科 …… 18
ロウバイ科 …… 19
バンレイシ科 …… 19
クスノキ科 …… 20
サルトリイバラ科 …… 21
ヤシ科 …… 21
フサザクラ科 …… 22
アケビ科 …… 22
ツヅラフジ科 …… 22
メギ科 …… 22
アワブキ科 …… 23
ヤマグルマ科 …… 23
スズカケノキ科 …… 23
フウ科 …… 24
ツゲ科 …… 24
マンサク科 …… 24

カツラ科 …… 25
ユズリハ科 …… 25
ブドウ科 …… 25
マメ科 …… 26
バラ科 …… 28
グミ科 …… 32
クロウメモドキ科 …… 32
ニレ科 …… 32
アサ科 …… 33
クワ科 …… 33
ブナ科 …… 34
ヤマモモ科 …… 37
クルミ科 …… 37
カバノキ科 …… 37
ニシキギ科 …… 38
トウダイグサ科 …… 39
ヤナギ科 …… 40
ミソハギ科 …… 40
フトモモ科 …… 41
ウルシ科 …… 41
ムクロジ科 …… 42
ミカン科 …… 44
ニガキ科 …… 45
センダン科 …… 45
アオイ科 …… 45
ジンチョウゲ科 …… 46
ビャクダン科 …… 46
ミズキ科 …… 47
アジサイ科 …… 48
サカキ科 …… 48
カキノキ科 …… 49
ツバキ科 …… 49

エゴノキ科 …… 50
マタタビ科 …… 50
リョウブ科 …… 50
ツツジ科 …… 51
アオキ科 …… 52
アカネ科 …… 52
キョウチクトウ科 …… 53
モクセイ科 …… 53
シソ科 …… 55
キリ科 …… 56
モチノキ科 …… 56
レンプクソウ科 …… 57
スイカズラ科 …… 57
トベラ科 …… 58
ウコギ科 …… 58

❷ 落ち葉を知る〈解説編〉

落ち葉が落ちるまで …… 60
紅葉、黄葉、褐葉 …… 62
常緑樹の葉は落ちない？ …… 64
落ち葉、何枚？ …… 66
落ち葉のゆくえ …… 68
土をつくるもの …… 70
落ち葉と生きる …… 72

植物名さくいん …… 74
参考文献 …… 77

（葉の写真すべて）ソメイヨシノの落ち葉

落ち葉の調べ方

気になる落ち葉を見つけたときにまず知りたいのは「これは何という落ち葉なんだろう」ということでしょう。落ち葉の種類がわかると、どのようなとくちょうの植物なのかがわかります。緑の葉がしげる季節や花、実のなる季節の姿も見たくなるかもしれません。名前を知ることは、木を知るための大事な入り口です。

落ち葉を調べるポイント

まずこの本の「掲載落ち葉一覧」(p.6-13)で似たものを探してから、それぞれの解説ページで調べます。主に以下のポイントに注目して観察しましょう。

● どのタイプ?

● 形は?

● 葉縁は?

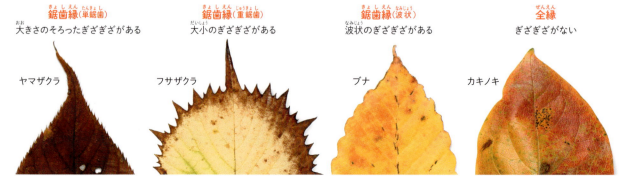

- ●大きさは？　前見返しを参考に、単葉は葉身の長さと葉柄の長さを、複葉は全体の長さと小葉の長さをはかる。

- ●落葉樹？ 常緑樹？　冬に緑の葉をつけているかどうか、木がわからない場合は葉の厚みやかたさから推測する。

落葉樹
薄く、やわらかい葉が多い　　　　冬は葉が落ちる

クヌギ

常緑樹
厚く、かたい葉が多い　　　　冬も緑葉がある

ヤブツバキ

> その他、葉の先と元の形、葉脈の入り方、毛があるか（ルーペを使って観察する）なども識別ポイントになります。

大きさや形のちがいに注意
同じ種類の葉でも、大きさに差があったり、ちがう種類に見えるほど形のちがうものがあります。

大きさと形にこのくらいの幅がある（コナラ）

分裂葉と三出複葉がある（ツタ）

不分裂葉と分裂葉がある（マグワ）

元の葉はどんな姿？
複葉は落ちるときに小葉がばらばらになりやすい。元の葉の形を想像して調べよう。

三出複葉（クズ）　　羽状複葉（ヌルデ）

その他の手がかりも参考にする
元の木を探し、樹皮や冬芽、葉のつき方、果実や種子などのとくちょうも調べると、さらにわかりやすくなる。

コブシの冬芽　　モミジバフウの実　　シラカンバの樹皮
アメリカヤマボウシの冬芽　　ドイツトウヒの実　　カゴノキの樹皮

落ち葉を調べる　落ち葉の調べ方

ソテツ科
イチョウ科
マツ科

かたく、先はとがる
紅葉 ×0.1
緑葉 ×0.1
葉柄にとげがある
小葉 ×0.7
樹皮

波状の鋸歯
紅葉 ×0.8
切れ込みの入るものと入らないものがある
枯れ葉 ×0.8
実と種子

とても長いので目立つ
緑葉 ×0.6
枯れ葉 ×0.6
樹皮
葉は枝からたれ下がる

ソテツ *Cycas revoluta*

ソテツ科。細長い小葉が並ぶ、大きくてかたい落ち葉。黄葉した後、小葉が外れて落ちる。羽状複葉。葉長100－150cm、小葉8－20cm。常緑樹。束生。低木。九州南部〜沖縄に自生。寺社、公園、庭に植えられる。

イチョウ *Ginkgo biloba*

イチョウ科。とくちょう的なおうぎ形落ち葉。鋸歯があるものと目立たないものがある。秋に美しく黄葉して落ちる。不分裂葉または分裂葉。葉身4－8cm、葉柄3－6cm。落葉樹。互生。高木。中国原産。街路、公園。

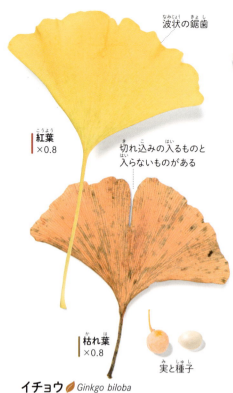

紅葉 ×0.8
枯れ葉 ×0.8
マツボックリとも呼ばれる球果
樹皮がはがれて赤くなる
緑葉 ×0.8 紅葉 ×0.8 枯れ葉 ×0.8

球果
黒褐色で赤みをおびない樹皮
緑葉 ×0.8

アカマツ *Pinus densiflora*

マツ科。2本1組になっている2葉性のマツ。古い葉は黄葉して落ちる。赤い樹皮も目印。針状葉。7－10cm。常緑樹。束生。高木。北海道南部〜九州の平地から山地に自生する。庭、公園によく植えられる。

クロマツ *Pinus thunbergii*

マツ科。2本1組の2葉性マツ。アカマツよりも長くてしっかりしている。古い葉は黄葉して落ちる。針状葉。10－15cm。常緑樹。束生。高木。本州〜沖縄に自生する。海岸林、庭、公園、街路に植えられる。

ダイオウマツ（ダイオウショウ） *Pinus palustris*

マツ科。3本1組が束になる3葉性のマツ。大変長く、樹上では下向きにたれる。球果も大きい。針状葉。長さ20－30cm。常緑樹。束生。高木。北米原産。庭、公園、社寺に植えられる。

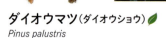

球果…鱗片と呼ばれるかさがたくさん集まってできる球状の実のこと。かさの間に種子が入っている。

紅葉 ×1

緑葉 ×1

先はとがらずやわらかい

枯れ葉 ×1

紅葉 ×1

先は丸いか2つに分かれる

紅葉 ×1

樹皮

緑葉 ×0.5

球果

樹皮

球果の鱗片と種子

ヒマラヤスギ *Cedrus deodara*

マツ科。短い針状でかたさがあり、先にふれるとチクチクする。古い葉は黄葉して落ちる。球果の大きな鱗片も目印。針状葉。長さ3－5cm。常緑樹。束生。高木。ヒマラヤ～アフガニスタン原産。公園に植えられる。

カラマツ *Larix kaempferi*

マツ科。日本産針葉樹で唯一の落葉樹。短い針状でやわらかさがある。秋に美しく黄色～褐色に紅葉して落ちる。針状葉。長さ2－3cm。束生。高木。東北南部～中部地方に自生。寒冷地で植林も多い。

モミ *Abies firma*

マツ科。平たく厚みのある針状の葉。若木の葉先は2つに分かれる。古い葉は黄葉して落ちる。針状葉。長さ1.5－3cm。常緑樹。はね状。高木。本州～九州に自生する。公園、庭、社寺に植えられる。

先はとがる

紅葉 ×1

球果

緑葉 ×0.9

紅葉 ×0.7

脈が表裏とも目立つ

ラカンマキは長さ4-8cmと小型

緑葉 ×0.3

先は少しへこむ

紅葉 ×0.8

葉裏に白線のように見える溝がある

緑葉 ×0.4

ドイツトウヒ *Picea abies*

マツ科。細い針状でややかたく、先はとがる。古い葉は黄葉して落ちる。長い球果はよく目立つ。針状葉。長さ1.5－3cm。常緑樹。はね状。高木。ヨーロッパ原産。寒冷地で庭、公園に植えられる。

イヌマキ *Podocarpus macrophyllus*

マキ科。幅1cmくらいの線状の葉。小型の変種ラカンマキもよく植えられる。針状葉。長さ10－20cm。常緑樹。束生。高木。関東～沖縄の林内に生える。庭、生垣、公園に植えられる。

コウヤマキ *Sciadopitys verticillata*

コウヤマキ科。幅2－4mmの線状の葉。イヌマキに似ているがより細長く、裏に白線のような溝がある。針状葉。長さ6－12cm。常緑樹。束生。高木。東北南部～九州の山地の尾根などに生える。庭、公園、社寺に植えられる。

自生…人間が植えたり育てたりすることなく、その場所に自然に生えていること。

ヒノキ科

ヒノキ　*Chamaecyparis obtusa*

ヒノキ科。緑葉や新しい落ち葉はちぎると香りがある。古い葉は黄葉して落ち、ばらけやすい。鱗状葉。長さ0.3cmほど。常緑樹。高木。東北南部〜九州に自生する。植林も多い。社寺、庭、公園に植えられる。

サワラ　*Chamaecyparis pisifera*

ヒノキ科。ヒノキに似るが葉先がとがる。緑葉では裏の気孔帯の形に違いがある。鱗状葉。長さ0.3cmほど。常緑樹。高木。本州、九州の山地谷沿いに生える。庭、社寺、公園に植えられる。

コノテガシワ　*Platycladus orientalis*

ヒノキ科。ヒノキに似たうろこ状の落ち葉。枝葉は垂直方向に広がる出方をする。コニファーとも呼ばれる栽培品種が多い。鱗状葉。長さ0.2cmほど。常緑樹。小高木〜低木。中国原産。生垣、庭に植えられる。

カイヅカイブキ　*Juniperus chinensis* 'Kaizuka'

ヒノキ科。うろこ状の小さな葉がひものように連なる。野生種イブキ（ビャクシン）の栽培品種。鱗状または針状葉。長さ0.1－0.2cm。常緑樹。小高木〜高木。生垣、庭、公園に植えられる。イブキは北海道〜九州に自生。

スギ　*Cryptomeria japonica*

ヒノキ科。湾曲する小さな葉が枝にらせん状につく。秋以降、古い葉は黄葉して枝ごと落ちる。針状葉。長さ0.4－1.2cm。常緑樹。束生。高木。本州〜九州に自生。また木材用に植林される。社寺、庭、公園。

ヒノキ科／イチイ科

ネズミサシ *Juniperus rigida*
ヒノキ科。細い針状の落ち葉。とがった先はふれると痛いほどで、ネズミ除けに使われたといわれる。針状葉。長さ1－2.5cm。常緑樹。小高木～低木。束生。本州～九州に自生する。庭に植えられる。

メタセコイア（アケボノスギ） *Metasequoia glyptostroboides*
ヒノキ科。小枝に対生して羽状複葉のように見える。秋にオレンジ色に紅葉し、小枝についたまま落ちるものが多い。針状葉。長さ1－2cm。落葉樹。はね状。高木。中国原産。公園、街路に植えられる。

ラクウショウ *Taxodium distichum*
ヒノキ科。メタセコイアに似るが、より短く、互生する。秋、褐色に紅葉して落ちる。幹の周囲に呼吸根が出る。針状葉。長さ0.7－2cm。落葉樹。はね状。高木。北米原産で湿地性。公園に植えられる。

イヌガヤ *Cephalotaxus harringtonia*
イチイ科。細長く平たい小さな落ち葉。先はとがるがやわらかさがあり、ふれても痛くない。緑葉は枝に平面的に並ぶ。針状葉。長さ3－5cm。常緑樹。はね状。小高木～低木。北海道～九州の林内に生える。

カヤ *Torreya nucifera*
イチイ科。イヌガヤに似るがかたさがあり、とがった先はふれると痛い。針状葉。長さ2－3cm。常緑樹。はね状。高木～低木。東北～九州の林内に生える。社寺、庭、公園に植えられる。

イチイ *Taxus cuspidata*
イチイ科。イヌガヤに似るが、緑葉はきれいな平面上に並ばない。古い葉は春以降に黄葉して落ちる。針状葉。長さ1.5－3cm。常緑樹。はね状。高木～低木。北海道～九州に自生。庭、生垣、公園に植えられる。

呼吸根…植物の根で、空中に出て呼吸しているもの

クスノキ科

シロダモ *Neolitsea sericea*
クスノキ科。3本の脈が目立つ長卵形の落ち葉。秋以降、古い葉が紅葉して落ちる。不分裂葉。葉身8－18cm、葉柄2－3cm。全縁、常緑樹。互生。高木～小高木。本州～沖縄に自生する。公園、庭に植えられる。

ゲッケイジュ(ローレル) *Laurus nobilis*
クスノキ科。料理のスパイスに使われる葉。落ち葉でも新しいものはちぎると香りがある。不分裂葉。葉身7－9cm、葉柄0.5－1cm。全縁。常緑樹。互生。小高木～高木。地中海沿岸原産。庭や生垣に植えられる。

ヤブニッケイ *Cinnamomum yabunikkei*
クスノキ科。楕円形～卵形で3本の脈が目立ち、葉表にはつやがある落ち葉。不分裂葉。葉身6－12cm、葉柄0.8－1.8cm。全縁。常緑樹。互生または対生。高木。本州～沖縄の暖地の林内に生える。

クスノキ *Cinnamomum camphora*
クスノキ科。卵形で3本の脈が目立つ葉。古い葉は春に一斉に紅葉して落ちる。不分裂葉。葉身6－10cm、葉柄1.5－2.5cm。全縁。互生。常緑樹。高木。関東～沖縄に自生する。街路、公園、社寺に植えられる。

タブノキ *Machilus thunbergii*
クスノキ科。長楕円～倒狭卵形で厚みがある落ち葉。春に古い葉が黄葉して落ちる。不分裂葉。葉身8－15cm、葉柄2－3cm。全縁。常緑樹。互生。高木。本州～沖縄に自生する。街路、公園に植えられる。

カゴノキ *Litsea coreana*
クスノキ科。長楕円形でタブノキより少し小さい。古い葉は春に黄葉して落ちる。樹皮がとくちょう的。不分裂葉。葉身5－9cm、葉柄0.8－1.5cm。全縁。常緑樹。互生。高木。本州～沖縄の暖地の林に生える。

クロモジ *Lindera umbellata*

クスノキ科。枝がつまようじに使われるなど、枝葉はいい香りがする。秋に黄葉して落ちる。不分裂葉。葉身5－10cm、葉柄1－1.5cm。全縁。落葉樹。互生。低木。北海道～本州に自生する。庭に植えられる。

アブラチャン *Lindera praecox*

クスノキ科。ひし形の小ぶりな葉で、秋に黄葉して落ちる。不分裂葉。葉身5－8cm、葉柄1－2cm。全縁。落葉樹。互生。低木～小高木。本州～九州のややしめった場所に生える。庭に植えられる。

ヤマコウバシ *Lindera glauca*

クスノキ科。アブラチャンより大きく葉柄が短い。枯れ葉はよく枝に残る(p.64)。不分裂葉。葉身5－10cm、葉柄0.3－0.4cm。全縁。落葉樹。互生。低木～小高木。本州～九州の林内に生える。

ダンコウバイ *Lindera obtusiloba*

クスノキ科。3分裂するとくちょう的な葉。秋に美しく黄葉して落ちる。分裂葉または不分裂葉。葉身5－15cm、葉柄0.5－3cm。全縁。落葉樹。互生。低木～小高木。関東～九州に自生する。庭に植えられる。

サルトリイバラ *Smilax china*

サルトリイバラ科。丸い形で湾曲した葉脈が目立つ葉。秋に褐色に紅葉して落ちる。つるにとげがある。不分裂葉。葉身3－12cm、葉柄0.5－2cm。全縁。落葉樹。互生。つる性木本。北海道～九州の林に生える。

シュロ *Trachycarpus fortunei*

ヤシ科。ヤシの仲間の巨大な葉。枯れた後もしばらくは木についている。分裂葉。葉身50－80cm、葉柄100cmほど。全縁。常緑樹。小高木。本州～九州に自生または野生化。庭、公園に植えられる。

フサザクラ　*Euptelea polyandra*

フサザクラ科。円形で、先と鋸歯が長くつき出るとくちょう的な形。薄い黄色〜褐色に紅葉して落ちる。不分裂葉。葉身6－12cm、葉柄3－7cm。鋸歯縁。落葉樹。互生。高木〜小高木。本州〜九州に自生する。

ムベ　*Stauntonia hexaphylla*

アケビ科。5－7枚の小葉からなる葉。古い葉はうすい緑色〜黄色に変わって落ちる。掌状複葉。15－30cm、小葉5－10cm。全縁。常緑樹。互生。つる性木本。東北〜沖縄に自生する。庭、生垣に植えられる。

アケビ　*Akebia quinata*

アケビ科。5枚の小葉からなる。秋、緑色がうすれたり赤みを帯びて落ちる。掌状複葉。5－25cm、小葉3－6cm。全縁。落葉樹。互生。つる性木本。本州〜九州に自生する。果樹として、また庭、生垣に植えられる。

ミツバアケビ　*Akebia trifoliata*

アケビ科。3枚の小葉からなる。秋に黄葉して落ちる。掌状複葉。7－25cm、小葉2－6cm。鋸歯縁か全縁。落葉樹。互生。つる性木本。北海道〜九州の林縁などに生える。果樹として、また庭、生垣に植えられる。

アオツヅラフジ　*Cocculus trilobus*

ツヅラフジ科。つる植物の落ち葉で卵形から3裂する三角形まである。秋に黄葉して落ちる。不分裂葉か分裂葉。葉身3－12cm、葉柄1－3cm。全縁。落葉樹。互生。つる性木本。北海道〜沖縄の林縁などに生える。

ナンテン　*Nandina domestica*

メギ科。大型の2－3回羽状複葉。小葉ごとに黄〜赤に紅葉して落ちる。30－80cm、小葉2－9cm。全縁。常緑樹。互生。低木。中国原産。東北南部〜九州で野生化。庭によく植えられる。

ヒイラギナンテン *Berberis japonica*
メギ科。葉はかたく、とがった鋸歯はふれると痛い。古い葉は秋に黄色～赤色に紅葉する。奇数羽状複葉。30－40cm、小葉4－9cm。鋸歯縁。常緑樹。互生。低木。中国原産。暖地で野生化。庭、公園に植えられる。

アワブキ *Meliosma myriantha*
アワブキ科。トチノキの小葉などに似た落ち葉。秋に黄色～褐色に色づいて落ちる。不分裂葉。葉身10－25cm、葉柄1－2cm。鋸歯縁。落葉樹。互生。小高木～高木。本州～九州の山地に生える。

ヤマグルマ *Trochodendron aralioides*
ヤマグルマ科。倒卵形で、にぶい鋸歯がある。古い葉は朱色に紅葉して落ちる。不分裂葉。葉身5－14cm、葉柄2－9cm。鋸歯縁。常緑樹。互生。高木～小高木。東北～沖縄に自生。庭、公園に植えられる。

モミジバスズカケノキ（プラタナス）
Platanus x acerifolia
スズカケノキ科。大きくてよく目立つ落ち葉。次の2種からつくられた雑種で、プラタナス類で最も普通。分裂葉。葉身10－18cm、葉柄2－4cm。鋸歯縁。落葉樹。互生。高木。街路、公園に植えられる。

アメリカスズカケノキ
Platanus occidentalis
スズカケノキ科。3種の中で切れこみが最も浅く、葉裏の毛が多い。樹皮の様子も目印になる。分裂葉。葉身7－20cm、葉柄3－8cm。鋸歯縁。落葉樹。互生。高木。北米原産。公園、街路に植えられる。

スズカケノキ
Platanus orientalis
スズカケノキ科。3種の中で最も切れこみが深く毛が少ない。分裂葉。葉身10－20cm、葉柄3－8cm。鋸歯縁。落葉樹。互生。高木。ヨーロッパ～西アジア原産。公園に植えられる。

裂片…分裂葉で切れ込みにより区切られた部分のこと

フウ科

ツゲ科

マンサク科

小さな鋸歯が並ぶ

紅葉 ×0.5

ほとんど3裂で幼木では5裂もある

枯れ葉 ×0.5

細かい鋸歯が並ぶ

枯れ葉 ×0.4

とくちょう的な姿の実

紅葉 ×0.4

フウ（タイワンフウ） *Liquidambar formosana*
フウ科。3裂する落ち葉。秋、赤色〜黄色に美しく紅葉して落ちる。分裂葉。葉身7－17cm、葉柄4－10cm。鋸歯縁。落葉樹。互生。高木。中国原産。公園、街路に植えられる。

樹皮

托葉が残る葉もある

モミジバフウ（アメリカフウ） *Liquidambar styraciflua*
フウ科。カエデ類に似た5裂する大きな落ち葉。秋に黄色〜赤色に紅葉して落ちる。分裂葉。葉身10－22cm、葉柄5－20cm。鋸歯縁。落葉樹。互生。高木。北中米原産。街路、公園に植えられる。

樹皮

樹皮

枝に対生する

緑葉 ×1

先は丸いかへこむ

紅葉 ×1

枯れ葉 ×1

ツゲ *Buxus microphylla*
ツゲ科。小さくて丸い落ち葉。黄色から橙色に色づいて落ちる。不分裂葉。葉身1－2.5cm、葉柄0.1－0.2cm。全縁。常緑樹。対生。低木〜小高木。本州〜沖縄の岩場などに生える。生垣、公園、庭に植えられる。

緑葉 ×1

全縁が多いが、少し鋸歯の出る葉もある

イスノキアブラムシによる虫こぶが目立つ

紅葉 ×1

イスノキ *Distylium racemosum*
マンサク科。楕円形のしっかりした落ち葉。虫こぶのある葉が多い。不分裂葉。葉身3－7cm、葉柄0.2－0.4cm。全縁または鋸歯縁。常緑樹。互生。高木。関東〜沖縄の林に生える。生垣、庭に植えられる。

紅葉 ×0.6

円形〜ひし形で地域によりちがいがある

波状の鋸歯

早春に黄色の花をつける

マンサク *Hamamelis japonica*
マンサク科。ゆがんだひし形の落ち葉。黄色〜褐色に紅葉して落ちる。不分裂葉。葉身5－10cm、葉柄0.5－1.5cm。鋸歯縁。落葉樹。互生。小高木〜低木。本州〜九州の山地に自生。庭、公園に植えられる。

虫こぶ…植物にアブラムシ、ハチ、ハエなどの昆虫がもぐりこむことでできるふくらみのこと。植物と虫の組み合わせでさまざまな色や形がある。

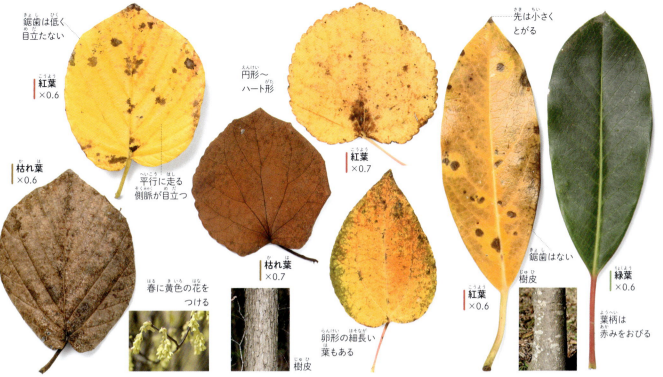

トサミズキ *Corylopsis spicata*
マンサク科。丸みのあるハート形の落ち葉。秋に黄色く紅葉して落ちる。不分裂葉。葉身4-10cm、葉柄1-2.5cm。鋸歯縁。落葉樹。互生。高知の蛇紋岩地に自生する。公園、庭に植えられる。

カツラ *Cercidiphyllum japonicum*
カツラ科。丸いハート形の葉。新しい落ち葉はあまい香りがする。不分裂葉。葉身3-7cm、葉柄2-2.5cm。鋸歯縁。落葉樹。対生。北海道～九州の山地に生える。公園、街路、庭に植えられる。

ユズリハ *Daphniphyllum macropodum*
ユズリハ科。細長く厚みのある落ち葉。春の新葉展開後、古い葉は一斉に黄葉して落ちる。不分裂葉。葉身15-20cm、葉柄2-7cm。全縁。常緑樹。互生。高木～低木。北海道～沖縄に自生。庭、公園に植えられる。

ノブドウ *Ampelopsis glandulosa*
ブドウ科。三角形～五角形の落ち葉。秋のカラフルな果実も目印。分裂葉まれに不分裂葉。葉身6-12cm、葉柄2-8cm。鋸歯縁。落葉樹。互生。つる性木本。北海道～沖縄の林縁などに生える。

ツタ *Parthenocissus tricuspidata*
ブドウ科。秋、深い赤色に紅葉して落ちる。分裂葉または三出複葉まれに不分裂葉。葉身5-15cm、葉柄5-20cm。鋸歯縁。落葉樹。互生。つる性木本。北海道～九州の林に自生する。庭に植えられる。

ヤマブドウ *Vitis coignetiae*
ブドウ科。山地で見られるブドウの大きな落ち葉。秋に赤色に紅葉して落ちる。分裂葉。葉身8-25cm、葉柄5-20cm。鋸歯縁。落葉樹。互生。つる性木本。北海道～四国の山地に生える。

マメ科

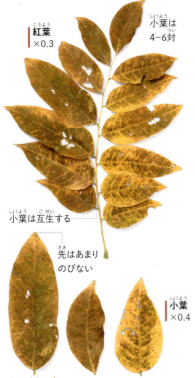

フジキ *Cladrastis platycarpa*

マメ科。マメ科は小葉が葉軸に対生するものが多いが、本種は互生する。羽状複葉。20－30cm、小葉5－11cm。全縁。落葉樹。互生。高木。東北南部、中国、四国の山地に生える。

エンジュ *Styphonolobium japonicum*

マメ科。4－7対の小葉からなる。数珠状の果実もいい目印になる。羽状複葉。15－25cm、小葉2.5－6cm。全縁。落葉樹。互生。高木。中国原産。街路、公園、庭に植えられる。

イヌエンジュ *Maackia amurensis*

マメ科。小葉は幅広く丸みがある。ひし形状のわれ目がある樹皮も目印になる。羽状複葉。20－30cm、小葉3－8cm。全縁。落葉樹。互生。高木～小高木。北海道～九州に自生する。公園、街路、庭に植えられる。

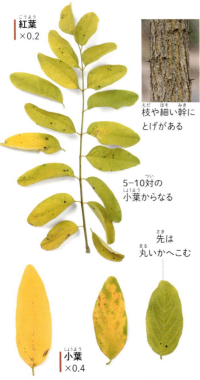

ハリエンジュ（ニセアカシア）
Robinia pseudoacacia

マメ科。丸みのある小葉が並ぶ。枝や幹のとげも目印。羽状複葉。15－30cm、小葉2.5－5cm。全縁。落葉樹。互生。高木。北米原産。北海道～沖縄で広く野生化。街路、公園、庭に植えられる。

フジ（ノダフジ） *Wisteria floribunda*

マメ科。5－9対の細長い小葉からなる。落葉時は小葉が葉軸から分離しやすい。羽状複葉。20－30cm、小葉4－10cm。全縁。落葉樹。互生。つる性木本。本州～九州の林に生える。庭、公園に植えられる。

ヤマフジ *Wisteria brachybotrys*

マメ科。フジに比べ、小葉は4－6対で少なめ、つるの巻きが逆向き。羽状複葉。15－25cm、小葉4－10cm。全縁。落葉樹。互生。つる性木本。近畿～九州の林に生える。庭、公園に植えられる。

マメ科

紅葉はほとんど色づかず緑色があせる程度

羽片や小葉がばらけて落葉する

羽片 ×1

冬芽

樹皮

紅葉 ×0.3

ネムノキ Albizia julibrissin
マメ科。小さな小葉が多数つく2回羽状複葉。落ちると羽片が分離し小葉は閉じる。羽状複葉。25－45cm、小葉1－1.7cm。全縁。落葉樹。互生。高木～小高木。本州～沖縄に自生する。公園、庭に植えられる。

紅葉 ×0.3

小葉 ×0.3

全体に毛が多い

冬、つるの先は枯れ根元が残る

クズ Pueraria lobata
マメ科。荒地や河川敷などによく群生するつる植物の落ち葉。3枚の大きな小葉からなる。三出複葉。20－40cm、小葉10－15cm。全縁。落葉樹。互生。つる性木本。北海道～九州に自生する。

頂小葉がない

分枝するとげがある

紅葉 ×0.4

小葉 全縁が多いが小さな鋸歯縁もある

先はとがる

紅葉 ×0.8

薄く、枯れると丸まる

小葉 ×1

枯れ葉 ×0.4

春に赤紫色の花をたくさんつける

紅葉 ×0.4

縁はやや波打ち裏に反る

サイカチ Gleditsia japonica
マメ科。偶数の小さな小葉からなる。幹や枝に分枝する長く鋭い棘がある。羽状複葉。10－30cm、小葉1.5－5cm。全縁または鋸歯縁。落葉樹。互生。高木。本州～九州の水辺に生える。公園、庭に植えられる。

キハギ Lespedeza buergeri
マメ科。ハギの1種。ハギ類はどれも似ていて、落ち葉だけで識別するのは難しい。三出複葉。4－10cm、小葉2－4cm。全縁。落葉樹。互生。低木。本州～九州の林に生える。庭に植えられる。

ハナズオウ Cercis chinensis
マメ科。丸いハート形のやや大きな落ち葉。秋に黄色～赤色に紅葉して落ちる。不分裂葉。葉身5－10cm、葉柄3－4cm。全縁。落葉樹。互生。低木～小高木。中国原産。庭、公園に植えられる。

バラ科

先はつき出る
小型の重鋸歯がある
幅の広い楕円形
校庭にもよく植えられる
枯れ葉 ×0.8
紅葉 ×0.8
大木は縦の裂け目、若木は横すじが目立つ
冬芽
そろった細かい鋸歯
横向きの筋がある樹皮
紅葉 ×0.9
枯れ葉 ×0.9

ソメイヨシノ Cerasus x yedoensis
バラ科。最も多く植えられるサクラで、エドヒガンとオオシマザクラの雑種とされる。落葉樹。不分裂葉。葉身7－11cm、葉柄2－3cm。鋸歯縁。互生。高木。北海道南部～九州で公園、街路、庭に植えられる。

ヤマザクラ Cerasus jamasakura
バラ科。主に低地の林に生えるサクラ。細かい鋸歯が並ぶのがとくちょう。不分裂葉。葉身8－12cm、葉柄2－2.5cm。鋸歯縁。落葉樹。互生。高木。東北～九州に自生する。公園、庭に植えられる。

先よりで幅が広い
鋸歯が大きく目立つ
紅葉 ×0.6
枯れ葉 ×0.6
樹皮
鋸歯は大きく先が長くのびる
紅葉 ×0.5
枯れ葉 ×0.5
樹皮

鋸歯は大ぶりだが鈍い
紅葉 ×0.4
枯れ葉 ×0.4
初夏に実がなる

カスミザクラ Cerasus leveilleana
バラ科。寒冷地の山地や丘陵に多いサクラ。先寄りで幅広く、鋸歯が大きい。不分裂葉。葉身7－12cm、葉柄1.5－2cm。鋸歯縁。落葉樹。互生。高木。北海道～九州に自生する。公園に植えられる。

オオシマザクラ Cerasus speciosa
バラ科。大きなサクラの葉で、桜餅に使われる。不分裂葉。葉身9－12cm、葉柄1.5－3cm。鋸歯縁。落葉樹。互生。高木。本来の自生地、伊豆諸島以外でも野生化。公園、庭、街路に植えられる。

セイヨウミザクラ（オウトウ・サクランボ）
Cerasus avium
バラ科。果物のサクランボがなるサクラの木。大きくて葉柄が長い。不分裂葉。6－12cm、葉柄2－7cm。鋸歯縁。落葉樹。互生。高木。西アジア原産。果樹園、庭に植えられる。

バラ科

エドヒガン *Cerasus spachiana*
バラ科。細長い形で側脈が多い。枝が垂れる品種にシダレザクラ（イトザクラ）がある。不分裂葉。葉身3.3－8.8cm、葉柄2－2.7cm。鋸歯縁。落葉樹。互生。高木。本州～九州に自生する。公園、庭に植えられる。

ウワミズザクラ *Padus grayana*
バラ科。ブラシ状の花をつけるサクラ。葉は薄くて柔らかく、枯れ葉になると縮れる。不分裂葉。葉身8－11cm、葉柄0.8－1.1cm。鋸歯縁。落葉樹。互生。高木。北海道～九州の林に生える。

ウメ *Armeniaca mume*
バラ科。花を観賞したり、実を食用にするため広く栽培される。不分裂葉。葉身5－10cm、葉柄2－3cm。鋸歯縁。落葉樹。互生。小高木。中国原産。庭、公園、果樹園に植えられる。多くの栽培品種がある。

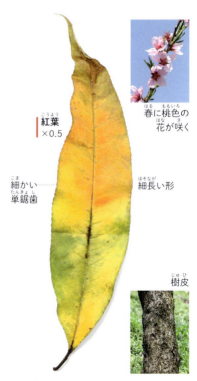

モモ *Amygdalus persica*
バラ科。実を食用にするほか、ハナモモと呼ばれる観賞用品種もある。不分裂葉。葉身8－15cm、葉柄1－1.5cm。鋸歯縁。落葉樹。互生。小高木～低木。中国原産。庭、果樹園に植えられる。

ヤマブキ *Kerria japonica*
バラ科。長く伸びる葉先と大きな鋸歯がとくちょうの落ち葉。不分裂葉。葉身3－10cm、葉柄0.5－1.5cm。鋸歯縁。落葉樹。互生。低木。北海道南部～九州の林縁などに生える。庭、公園に植えられる。

アズキナシ *Aria alnifolia*
バラ科。側脈の目立つひし形～楕円形の葉。秋に黄葉して落ちる。不分裂葉。葉身5－10cm、葉柄1－2cm。鋸歯縁。落葉樹。互生。高木～小高木。北海道～九州の林に生える。公園、庭に植えられる。

バラ科

ズミ（ミツバカイドウ） *Malus toringo*
バラ科。山地や高原で見られるリンゴの仲間。秋に黄色〜橙色に紅葉する。分裂葉または不分裂葉。葉身3−10cm、葉柄1−3cm。鋸歯縁。落葉樹。互生。小高木。北海道〜九州に自生する。庭、公園に植えられる。

セイヨウリンゴ *Malus x domestica*
バラ科。果物のリンゴがなる木。秋に黄色〜褐色に紅葉する。不分裂葉。葉身6−13cm、葉柄1.5−3.5cm。鋸歯縁。落葉樹。互生。小高木〜高木。中央アジア原産。寒冷地で果樹園、庭に植えられる。

ヤマナシ *Pyrus pyrifolia*
バラ科。野生のナシ。果樹のニホンナシはこれの栽培品種。不分裂葉。葉身7−12cm、葉柄3−4.5cm。鋸歯縁。落葉樹。互生。高木〜小高木。中国原産。本州〜九州で野生化。果樹園、庭に植えられる。

クサボケ *Chaenomeles japonica*
バラ科。日当たりのいい林内に生える低木。枝のとげ、秋の果実、春の朱色の花もよい目印。不分裂葉。葉身2−5cm、葉柄0.5−1.3cm。鋸歯縁。落葉樹。互生。低木。本州、九州に自生する。

カリン *Pseudocydonia sinensis*
バラ科。しっかりした質感で、縁に細かいとげが並ぶ落ち葉。秋に朱色などに紅葉して落ちる。不分裂葉。葉身5−10cm、葉柄1cmほど。鋸歯縁。落葉樹。互生。小高木。中国原産。庭に植えられる。

ユキヤナギ *Spiraea thunbergii*
バラ科。植えこみで見られる小さく細長い落ち葉。黄色〜橙色に紅葉して落ちる。不分裂葉。葉身2−4cm、葉柄0−0.2cm。鋸歯縁。落葉樹。互生。低木。本州〜九州に生える。庭、公園に植えられる。

バラ科

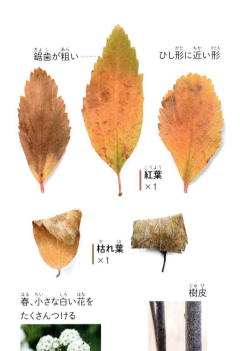

コデマリ　*Spiraea cantoniensis*

バラ科。ユキヤナギに似た落ち葉だが、やや大きく幅広で、鋸歯が粗い。不分裂葉。葉身1.5－5cm、葉柄0.2－1cm。鋸歯縁。落葉樹。互生。低木。中国原産。庭、公園に植えられる。

ピラカンサ類　*Pyracantha* spp.

バラ科。庭などに多いピラカンサにはタチバナモドキ（中国原産）、カザンデマリ（ヒマラヤ原産）、トキワサンザシ（西アジア原産）がある。雑種も多く、落ち葉による識別はむずかしい。不分裂葉。葉身2－7cm。全縁または鋸歯縁。常緑樹。互生。低木。

シャリンバイ　*Rhaphiolepis indica*

バラ科。厚く丸みのある落ち葉。古い葉は橙色に紅葉して落ちる。不分裂葉。葉身4－10cm、葉柄0.5－2cm。鋸歯縁または全縁。常緑樹。互生。低木。東北南部〜沖縄の海岸近くに自生。公園、街路、庭に植えられる。

ビワ　*Eriobotrya japonica*

バラ科。大きく、がさがさした質感の落ち葉。花は冬に咲く。不分裂葉。葉身15－30cm、葉柄0－1cm。鋸歯縁。常緑樹。互生。小高木。中国原産。本州〜九州で野生化。果樹園、庭に植えられる。

カナメモチ　*Photinia glabra*

バラ科。長楕円形でしっかりした赤い落ち葉。不分裂葉。葉身7－12cm、葉柄1－1.5cm。鋸歯縁。常緑樹。互生。小高木〜低木。東海〜九州に自生。庭に植えられる。生垣には他種との雑種レッドロビンが多い。

モミジイチゴ　*Rubus palmatus*

バラ科。野山で見られるキイチゴの一つ。カエデのように切れ込む形。分裂葉。葉身3－7cm、葉柄3－4.5cm。鋸歯縁。落葉樹。互生。低木。北海道〜九州の林縁などに生える。

ノイバラ *Rosa multiflora*

バラ科。野山で見られる野生バラの落ち葉。3-4対の小葉からなるが、落葉時は小葉が外れやすい。羽状複葉。6-14cm、小葉2-4cm。鋸歯縁。落葉樹。互生。低木。北海道〜九州の林に生える。

ハマナス *Rosa rugosa*

バラ科。厚く、しわが目立つ落ち葉。羽状複葉。9-15cm、小葉3-5cm。鋸歯縁。落葉樹。互生。低木。北海道〜本州北部の海岸などに生える。庭、公園、街路に植えられる。

ナナカマド *Sorbus commixta*

バラ科。山地で見られる落ち葉。秋に赤く紅葉して落ちる。赤い実も目印。羽状複葉。15-25cm、小葉5-8cm。鋸歯縁。落葉樹。互生。小高木〜高木。北海道〜九州に生える。寒冷地で街路、公園に植えられる。

ナワシログミ *Elaeagnus pungens*

グミ科。かたく、裏が毛で白い落ち葉。古い葉は黄色くなって落ちる。不分裂葉。葉身2-14cm、葉柄0.5-1.2cm。全縁。常緑樹。互生。低木。東海〜九州に自生する。生垣、庭に植えられる。

ケンポナシ *Hovenia dulcis*

クロウメモドキ科。やや大きくてうすい卵形の落ち葉。一緒に落ちるとくちょう的な形の実が目印。不分裂葉。葉身10-20cm、葉柄2-5cm。鋸歯縁。落葉樹。互生。高木。北海道〜九州の谷沿いなどに生える。

アキニレ *Ulmus parvifolia*

ニレ科。ひし形で厚みがある小さな落ち葉。不分裂葉。葉身2-5cm、葉柄0.3-0.8cm。鋸歯縁。落葉樹。互生。小高木〜高木。中部地方〜沖縄に自生する。公園、街路に植えられる。

ハルニレ Ulmus davidiana
ニレ科。ゆがんだ楕円形で、ぎざぎざした重鋸歯のある落ち葉。不分裂葉。葉身3－15cm、葉柄0.4－1.2cm。鋸歯縁。落葉樹。互生。高木。北海道～九州の湿地などに生える。公園に植えられる。

ケヤキ Zelkova serrata
ニレ科。公園や道端でよく見られる落ち葉。湾曲する鋸歯が目印。不分裂葉。葉身5－12cm、葉柄0.2－1.2cm。鋸歯縁。落葉樹。互生。高木。本州～九州に自生する。街路、公園に植えられる。

ムクノキ Aphananthe aspera
アサ科。ケヤキに似た落ち葉だが、ざらざらする感触や鋸歯の形が目印。不分裂葉。葉身5－11cm、葉柄0.2－1.2cm。鋸歯縁。落葉樹。互生。高木。関東～沖縄の林に生える。公園に植えられる。

エノキ Celtis sinensis
アサ科。表面につやがあり、先寄りに鋸歯がある落ち葉。秋に黄葉して落ちる。不分裂葉。葉身4－9cm、葉柄0.3－1cm。鋸歯縁。落葉樹。互生。高木。本州～九州の林に生える。

ヤマグワ(クワ) Morus australis
クワ科。自生するクワ。葉だけでマグワと区別するのは難しい。果実にめしべが残る。分裂葉または不分裂葉。葉身6－14cm、葉柄2－3.5cm。鋸歯縁。落葉樹。互生。小高木～高木。北海道～沖縄に自生する。

マグワ(クワ) Morus alba
クワ科。栽培されるクワでヤマグワによく似る。果実にめしべがほとんど目立たない。分裂葉または不分裂葉。葉身8－15cm、葉柄2－4cm。鋸歯縁。中国原産。本州～九州で野生化。養蚕用に栽培される。

クワ科 / ブナ科

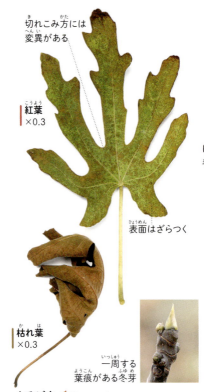

ヒメコウゾ *Broussonetia monoica*
クワ科。林縁や道端で見られる、クワに似た落ち葉。分裂葉または不分裂葉。葉身4－10cm、葉柄0.5－1cm。鋸歯縁。落葉樹。互生。本州～九州に自生する。和紙原料として栽培された。

イチジク *Ficus carica*
クワ科。厚みがあり、ざらつく大きな落ち葉。秋に緑色がくすんで落ちる。分裂葉。葉身20－30cm、葉柄4－15cm。鋸歯縁。落葉樹。互生。小高木。西アジア原産。果樹園、庭に植えられる。

ブナ *Fagus crenata*
ブナ科。楕円形で縁が波状の落ち葉。イヌブナ（未掲載）と似るが毛や側脈がより少ない。不分裂葉。葉身4－9cm、葉柄0.5－1cm。全縁または鋸歯縁。落葉樹。互生。高木。北海道南西部～九州の林に生える。

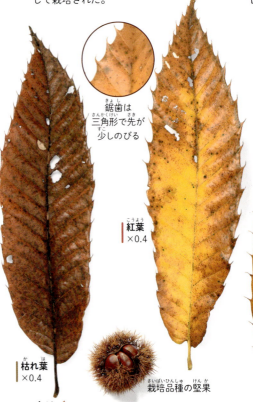

クリ *Castanea crenata*
ブナ科。大きく細長い落ち葉。クヌギに似るが、鋸歯の形などが違う。不分裂葉。葉身7－19cm、葉柄0.5－2.5cm。鋸歯縁。落葉樹。互生。高木。北海道～九州の林に生える。果樹園に植えられ、栽培品種も多い。

クヌギ *Quercus acutissima*
ブナ科。雑木林に多いドングリの木の細長い落ち葉。不分裂葉。葉身8－15cm、葉柄1－3cm。鋸歯縁。落葉樹。互生。高木。本州～九州に自生する。公園や薪炭、シイタケ栽培用に植えられる。

葉痕…葉が枝についていた跡のこと。種類によってさまざまな形がある。

アベマキ *Quercus variabilis*

ブナ科。落ち葉も堅果もクヌギに似るが、葉裏の白さ、樹皮のコルク層が区別点。不分裂葉。葉身12－17cm、葉柄1.5－3.5cm。鋸歯縁。落葉樹。互生。高木。東北～九州の林に生える。西日本に多い。

コナラ *Quercus serrata*

ブナ科。平地から山地の落葉樹林で広く見られるドングリの木の落ち葉。不分裂葉。葉身7.5－10cm、葉柄1－1.2cm。鋸歯縁。落葉樹。互生。高木。北海道～九州に自生。公園に植えられる。

フモトミズナラ
Quercus serrata subsp. *mongolicoides*

ブナ科。局地的に分布するドングリの木の落ち葉。葉や堅果はミズナラに、樹皮はコナラに似る。不分裂葉。葉身10－20cm、葉柄0.2－1.2cm。鋸歯縁。落葉樹。互生。高木。東北～東海の林に生える。

ミズナラ *Quercus crispula*

ブナ科。山地に多いドングリの木。コナラに似るが、鋸歯が粗く、葉柄はほとんどない。不分裂葉。葉身7－15cm、葉柄0.1－0.5cm。鋸歯縁。落葉樹。互生。高木。北海道～九州の林に生える。

ナラガシワ *Quercus aliena*

ブナ科。カシワに似た形の落ち葉。葉柄が長く、鋸歯は低い。不分裂葉。葉身12－30cm、葉柄1－3cm。鋸歯縁。落葉樹。互生。高木。本州～九州の林に生える。

カシワ *Quercus dentata*

ブナ科。ドングリの木の中で最大の落ち葉。がさがさする質感で毛が多い。不分裂葉。葉身12－32cm、葉柄0.2－1cm。鋸歯縁。落葉樹。互生。高木～小高木。北海道～九州に自生する。庭、公園に植えられる。

堅果…かたい果実のこと。ブナ科の「ドングリ」やクルミ科の「クルミ」などがある。

ブナ科

ウバメガシ　*Quercus phillyreoides*

ブナ科。かたさのある丸い落ち葉。古い葉は黄葉して落ちる。不分裂葉。葉身3－6cm、葉柄0.5cmほど。鋸歯縁、常緑樹。互生。小高木～低木。関東～沖縄の海岸林などに生える。生垣、庭、公園に植えられる。

アラカシ　*Quercus glauca*

ブナ科。常緑カシの落ち葉で先の方に鋸歯がある。不分裂葉。葉身7－12cm、葉柄1.5－2.5cm。鋸歯縁、常緑樹。互生。高木。東北南部～沖縄の林に生える。公園、庭、生垣に植えられる。

シラカシ　*Quercus myrsinifolia*

ブナ科。カシの一種の落ち葉。細長い葉が多く、鋸歯はにぶく低い。不分裂葉。葉身7－14cm、葉柄1－2cm。鋸歯縁。常緑樹。互生。高木。東北南部～九州の林に生える。公園、街路、庭、生垣に植えられる。

ウラジロガシ　*Quercus salicina*

ブナ科。山地に生える常緑カシの一つ。名前のように葉裏が粉を吹いたように白い。不分裂葉。葉身8－15cm、葉柄1－2.5cm。鋸歯縁、常緑樹。互生。高木。東北南部～沖縄の林に生える。

アカガシ　*Quercus acuta*

ブナ科。カシ類で最も大きく、葉柄が長く、鋸歯のない落ち葉。古い葉は黄色～褐色になり落ちる。不分裂葉。葉身7－13cm、葉柄2－4cm。全縁。常緑樹。互生。高木。東北南部～九州に自生する。

スダジイ（シイ）　*Castanopsis sieboldii*

ブナ科。暖地に多いシイの木の落ち葉。古い葉は黄葉して落ちる。不分裂葉。葉身5－15cm、葉柄1cmほど。全縁または鋸歯縁。常緑樹。互生。高木。東北南部～沖縄の林に生える。公園、庭に植えられる。

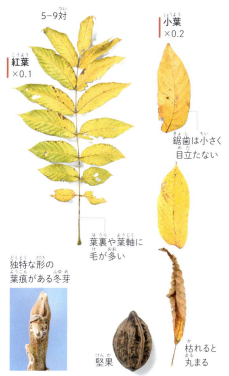

マテバシイ Lithocarpus edulis
ブナ科。大きくしっかりしたへら状の落ち葉。古くなった葉は黄葉して落ちる。不分裂葉。葉身9－26cm、葉柄1－2.5cm。全縁。常緑樹。互生。高木。本州〜沖縄の林に生える。公園、街路などによく植えられる。

ヤマモモ Morella rubra
ヤマモモ科。暖地で見られる落ち葉。先寄りで幅広く、やや波打つ。不分裂葉。葉身5－10cm、葉柄0.3－0.8cm。全縁または鋸歯縁。常緑樹。互生。高木。関東南部〜沖縄に自生する。公園、街路、庭に植えられる。

オニグルミ Juglans mandshurica
クルミ科。川沿いに林をつくる野生のクルミ。黄葉後、小葉がばらけながら落ちる。羽状複葉。40－60cm、小葉8－18cm。鋸歯縁。落葉樹。互生。高木。北海道〜九州の川沿いに生える。

シラカンバ（シラカバ） Betula platyphylla
カバノキ科。寒冷地で見られるカバノキの仲間。秋に黄葉して落ちる。不分裂葉。葉身5－9cm、葉柄1－3.5cm。鋸歯縁。落葉樹。互生。高木。北海道〜中部地方に自生する。庭、公園、街路に植えられる。

ハンノキ Alnus japonica
カバノキ科。湿地などに多い落ち葉。秋に緑色がくすんで落葉する。不分裂葉。葉身5－13cm、葉柄1.5－3.5cm。鋸歯縁。落葉樹。互生。高木〜小高木。北海道〜沖縄の湿った場所に生える。公園に植えられる。

ヤマハンノキ Alnus hirsuta
カバノキ科。円形で縁がギザギザ。くすんだ緑色〜褐色になり落ちる。毛が多いものはケヤマハンノキとよばれる。不分裂葉。葉身8－15cm、葉柄1.5－4cm。鋸歯縁。落葉樹。互生。高木。北海道〜九州に自生。

カバノキ科
ニシキギ科

先は短くつき出る
紅葉 ×0.8
全体に毛がある
枯れ葉 ×0.8
葉柄は短い
太い縦すじが目立つ樹皮

毛はほとんどない
先はやや長くのびる
紅葉 ×0.9
枯れ葉 ×0.9
幹に縦方向の凹凸がある

紅葉 ×0.8
細長い卵形
枯れ葉 ×0.8
多数の側脈が平行に並ぶ
樹皮

イヌシデ Carpinus tschonoskii
カバノキ科。温帯の落葉樹林でもっとも普通に見られるシデの木の落ち葉。秋、淡い黄色になって落ちる。不分裂葉。葉身4－8cm、葉柄0.8－1.2cm。落葉樹。互生。高木。本州～九州の林に生える。

アカシデ Carpinus laxiflora
カバノキ科。イヌシデよりも小さく、毛が少ない。秋、黄～赤色になり落ちる。不分裂葉。葉身3－7cm。葉柄0.3－1.4cm。鋸歯縁。落葉樹。互生。高木～小高木。北海道～九州の林に生える。庭、公園に植えられる。

クマシデ Carpinus japonica
カバノキ科。イヌシデなどより大きく、細長く、側脈が多い。秋に黄色に紅葉して落ちる。不分裂葉。葉身6－11cm、葉柄0.8－1.5cm。鋸歯縁。落葉樹。互生。高木～小高木。本州～九州の林に生える。

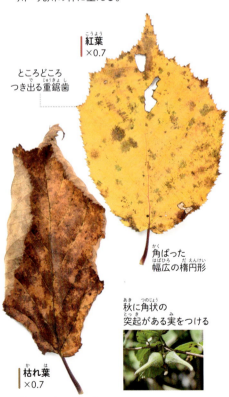

紅葉 ×0.7
ところどころつき出る重鋸歯
角ばった幅広の楕円形
枯れ葉 ×0.7
秋に角状の突起がある実をつける

赤い実はよく目立つ
卵形で先はつき出す
紅葉 ×1
小さな鋸歯が並ぶ
枯れ葉 ×1
翼の大きさには変異がある

細かい鋸歯が並ぶ
卵形で幅の広さには変異がある
紅葉 ×0.8
枯れ葉 ×0.8
樹皮

ツノハシバミ Corylus sieboldiana
カバノキ科。角状の実をつけるハシバミの仲間。秋に黄～褐色に紅葉して落ちる。不分裂葉。葉身5－11cm、葉柄0.6－2cm。鋸歯縁。落葉樹。互生。低木～小高木。北海道～九州の林縁などに生える。

ニシキギ Euonymus alatus
ニシキギ科。秋に鮮やかな紫がかった赤色に紅葉して落ちる。枝に翼があるのが目印。不分裂葉。葉身1－9cm、葉柄0.1－0.3cm。鋸歯縁。落葉樹。対生。低木。北海道～九州に自生。庭、生垣に植えられる。

マユミ Euonymus sieboldianus
ニシキギ科。ニシキギの仲間でより大きく、葉柄が長い。不分裂葉。葉身5－15cm、葉柄0.5－2cm。鋸歯縁。落葉樹。対生。小高木～低木。北海道～九州の林縁などに生える。庭や公園に植えられる。

ツルマサキ *Euonymus fortunei*

ニシキギ科。林内や林縁で見られる常緑つる植物の小さな落ち葉。古い葉は黄色に変色して落ちる。不分裂葉。葉身1.5－6cm、葉柄0.3－1cm。鋸歯縁。常緑樹。対生。つる性木本。北海道～沖縄に自生する。

マサキ *Euonymus japonicus*

ニシキギ科。生垣に多いニシキギの仲間。淡黄色～朱色に変色して落ちる。不分裂葉。葉身5－11cm、葉柄0.5－1.5cm。鋸歯縁。常緑樹。対生。低木～小高木。北海道南西部～沖縄に自生。庭、公園に植えられる。

ツルウメモドキ *Celastrus orbiculatus*

ニシキギ科。ウメに似た雰囲気の葉をつけるつる植物。秋に黄葉して落ちる。不分裂葉。葉身3－10cm、葉柄1－2cm。鋸歯縁。落葉樹。互生。つる性木本。北海道～九州に自生する。庭にも植えられる。

ナンキンハゼ *Triadica sebifera*

トウダイグサ科。ハート形の落ち葉。秋に鮮やかな黄色から赤色に染まり落ちる。不分裂葉。葉身3.5－7cm、葉柄2－8cm。全縁。落葉樹。互生。高木～小高木。中国原産。暖地で街路、公園、庭に植えられる。

アカメガシワ *Mallotus japonicus*

トウダイグサ科。暖地の明るい場所に多い大きな落ち葉。秋に黄葉して落ちる。分裂葉または不分裂葉。葉身10－20cm、葉柄5－20cm。全縁または鋸歯縁。落葉樹。互生。高木～小高木。本州～沖縄に自生する。

ヤナギ科 / ミソハギ科

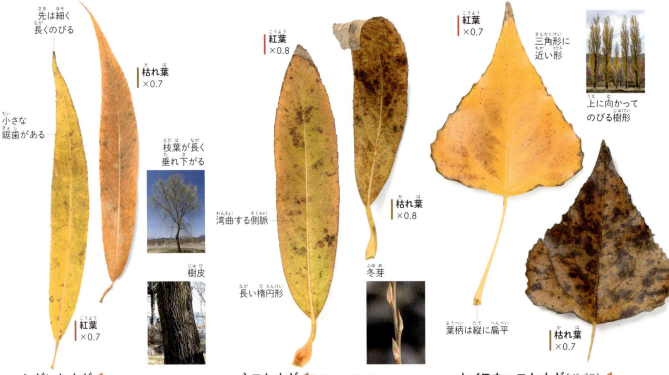

シダレヤナギ *Salix babylonica*
ヤナギ科。ヤナギ類は種類が多く識別が難しいが、本種の葉は非常に細長くわかりやすい。不分裂葉。葉身8－13cm、葉柄0.5－1cm。鋸歯縁。落葉樹。互生。高木。中国原産。公園に植えられる。

ネコヤナギ *Salix gracilistyla*
ヤナギ科。川沿いなどの水辺にはうように生えるヤナギの落ち葉。不分裂葉。葉身6－13cm、葉柄0.5－2cm。鋸歯縁。落葉樹。互生。低木。北海道～九州に自生する。庭に植えられる。

セイヨウハコヤナギ（ポプラ）
Populus nigra var. *italica*
ヤナギ科。ポプラ類の一種。秋に黄色～褐色に紅葉して落ちる。不分裂葉。葉身5－9cm、葉柄3－7cm。鋸歯縁。落葉樹。互生。高木。ヨーロッパ～中央アジア原産。公園、街路に植えられる。

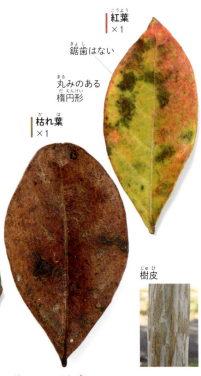

ギンドロ *Populus alba*
ヤナギ科。びっしりと生える毛で裏が真っ白な落ち葉。分裂葉。葉身4－10cm、葉柄2－8cm。鋸歯縁。落葉樹。互生。高木～小高木。ヨーロッパ～中央アジア原産。寒冷地で公園、庭に植えられる。

イイギリ *Idesia polycarpa*
ヤナギ科。大きな三角形でよく目立つ落ち葉。秋に黄葉して落ちる。不分裂葉。葉身10－20cm、葉柄6－18cm。鋸歯縁。落葉樹。互生。高木。本州～沖縄に自生する。庭、公園に植えられる。

サルスベリ *Lagerstroemia indica*
ミソハギ科。すべすべの幹がとくちょう的な木の落ち葉。不分裂葉。葉身3－6cm、葉柄はほぼなし。全縁。落葉樹。互生または対生。小高木～低木。中国原産。庭、街路、公園に植えられる。

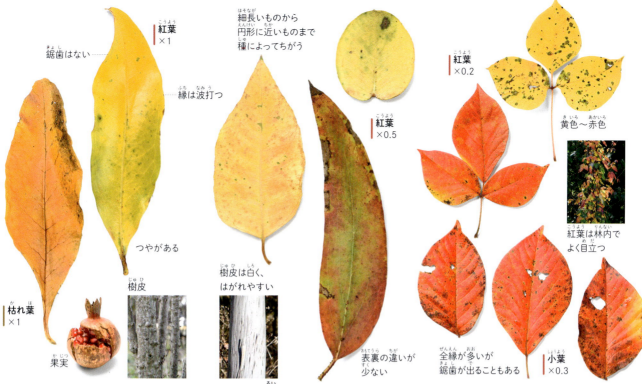

ザクロ *Punica granatum*

ミソハギ科。割れる果実でおなじみの木。秋に黄葉して落ちる。不分裂葉。葉身3－7cm、葉柄0.1－0.5cm。全縁。落葉樹。対生。小高木～低木。西アジア原産。庭などに植えられる。

ユーカリ類 *Eucalyptus* spp.

フトモモ科。全体に厚みがあり、のっぺりしている。緑葉はさわやかな香りがする。不分裂葉。葉身2－25cm、葉柄0－2cm。全縁。常緑樹。互生または対生。高木。オーストラリア原産。公園などに植えられる。

ツタウルシ *Toxicodendron orientale*

ウルシ科。林内で見られるつる植物の落ち葉。秋に鮮やかに紅葉して落ちる。三出複葉。小葉5－15cm。全縁または鋸歯縁。落葉樹。互生。つる性木本。北海道～九州の林に生える。

ヤマウルシ *Toxicodendron trichocarpum*

ウルシ科。秋に赤色～黄色に美しく色づいて落ちる。樹液でかぶれる場合がある。羽状複葉。25－40cm、小葉4－15cm。全縁または鋸歯縁。落葉樹。互生。小高木～低木。北海道～九州の林に生える。

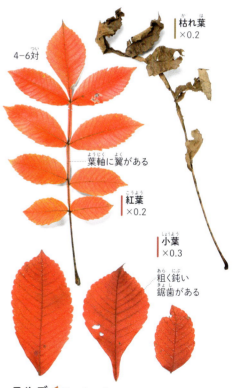

ヌルデ *Rhus javanica*

ウルシ科。葉軸に翼があるとくちょう的な落ち葉。秋に鮮やかな赤色から黄色に紅葉して落ちる。羽状複葉。20－40cm、小葉5－12cm。鋸歯縁。落葉樹。互生。小高木。北海道～沖縄の林に生える。

ムクロジ科

ウリカエデ *Acer crataegifolium*
ムクロジ科。浅く3裂する小型の落ち葉。秋に黄色〜オレンジ色に紅葉して落ちる。分裂葉または不分裂葉。葉身4－8cm、葉柄1－3cm。鋸歯縁。落葉樹。対生。小高木。東北南部〜九州の林に生える。

ハナノキ *Acer pycnanthum*
ムクロジ科。局地的に分布するカエデの落ち葉。分裂葉または不分裂葉。葉身2.5－8cm、葉柄1.5－8cm。鋸歯縁。落葉樹。対生。高木。長野、岐阜、愛知の湿地などに自生。公園、街路、庭に植えられる。

イタヤカエデ *Acer pictum*
ムクロジ科。縁に鋸歯がない大きなカエデの落ち葉。形の変異が大きい。分裂葉。葉身7－13cm、葉柄3－12cm。全縁。落葉樹。対生。高木。北海道〜九州の山地に自生する。公園に植えられる。

トウカエデ *Acer buergerianum*
ムクロジ科。公園などでよく見られるカエデ。秋に美しく紅葉して落ちる。分裂葉。葉身3－8cm、葉柄2－6cm。全縁または鋸歯縁。落葉樹。対生。高木。中国原産。街路、公園、庭に植えられる。

メグスリノキ *Acer maximowiczianum*
ムクロジ科。3枚1組のカエデの落ち葉。秋に美しく紅葉して落ちる。三出複葉。小葉5－11cm、葉柄3－10cm。鋸歯縁。落葉樹。対生。高木〜小高木。北海道南部〜九州の山地に生える。庭に植えられる。

ヒトツバカエデ *Acer distylum*
ムクロジ科。山地で見られる大きなハート形をしたカエデの落ち葉。秋に鮮やかに黄葉して落ちる。不分裂葉。葉身7－18cm、葉柄3－8cm。鋸歯縁。落葉樹。対生。小高木〜高木。東北〜近畿に自生する。

ムクロジ科
ミカン科

紅葉 ×0.1
頂小葉はない
4-8対
ずれてつくところもある
小葉 ×0.2
果実は石けんがわりに、種子は羽根つきに利用された

ムクロジ Sapindus mukorossi

ムクロジ科。大きな複葉の落ち葉。秋に黄葉して落ちる。黒くてかたい種子も目印。羽状複葉。30－70cm、小葉7－20cm。全縁。落葉樹。互生。高木。関東～沖縄の林に生える。社寺、公園に植えられる。

紅葉 ×0.1
鋸歯がある
7枚や5枚の小葉からなる
側脈が目立つ
大きく硬い種子
小葉柄はない
小葉 ×0.1
粘液でおおわれる冬芽

トチノキ Aesculus turbinata

ムクロジ科。通常7枚ほどの小葉は大きく、ばらけて落ちてもよく目立つ。掌状複葉。小葉13－30cm。葉柄5－25cm。鋸歯縁。落葉樹。対生。高木。北海道西部～九州に自生する。街路、公園に植えられる。

紅葉 ×0.9
葉柄に翼がある
枝はジグザグに曲がり、とげがある
秋に黄色の実がなる
小葉 ×1
鈍く低い鋸歯がある

カラタチ Citrus trifoliata

ミカン科。3枚の小葉と翼のある葉柄からなる。枝やとげはかたい。三出複葉。3－5cm、小葉1.5－3.5cm。鋸歯縁または全縁。落葉樹。互生。低木。中国原産。生垣に植えられ、柑橘類の台木にもなる。

鋸歯は小さく目立たない
紅葉 ×0.8
緑葉 ×0.8
冬に黄色の実がなる
葉柄に広い翼がある

ユズ Citrus junos

ミカン科。くびれのある形に見えるが、元の方は葉柄の翼。不分裂葉。葉身6－9cm、葉柄2－3cm。全縁または鋸歯縁。常緑樹。互生。小高木～低木。中国原産。庭、果樹園に植えられる。

紅葉 ×0.7
鋸歯は低く目立たない
葉柄にごく小さい翼がある
冬に橙色の実がなる
緑葉 ×0.7

ウンシュウミカン（ミカン）
Citrus unshiu

ミカン科。「温州みかん」がなる木で多くの品種がある。不分裂葉。葉身6－15cm、葉柄1－2.5cm。全縁または鋸歯縁。常緑樹。互生。低木。鹿児島原産。暖地の果樹園、庭に植えられる。

紅葉 ×0.6
先はややつき出る
葉脈がへこんで目立つ
枯れ葉 ×0.6
果実
枯れると丸まりやすい

コクサギ Orixa japonica

ミカン科。低地～低山の林で見られるミカン科の落ち葉。秋に薄い黄色に紅葉して落ちる。不分裂葉。葉身5－13cm、葉柄0.2－0.7cm。全縁。落葉樹。互生。低木。本州～九州に自生する。

サンショウ Zanthoxylum piperitum

ミカン科。林内に自生するほか、木の芽、実、山椒用に栽培される。秋に黄葉して小葉がばらけて落ちる。羽状複葉。5－18cm、小葉1－5cm。鋸歯縁。落葉樹。互生。低木。北海道〜九州。庭などに植えられる。

カラスザンショウ Zanthoxylum ailanthoides

ミカン科。多くの小葉からなる大きな落ち葉。とげやこぶがある幹も目印。羽状複葉。35－90cm、小葉7－15cm。鋸歯縁または全縁。落葉樹。互生。高木。本州〜沖縄の暖地の林に生える。

ニワウルシ（シンジュ） Ailanthus altissima

ニガキ科。多数の小葉からなる巨大な落ち葉。秋に緑色がくすんで落ちる。羽状複葉。40－100cm、小葉7－12cm。鋸歯縁または全縁。落葉樹。互生。高木。中国原産。各地で野生化。街路、公園に植えられる。

センダン Melia azedarach

センダン科。大きな2－3回羽状複葉。秋に黄緑色に変色し、小葉がばらけて落葉する。40－80cm、小葉3－6cm。鋸歯縁。落葉樹。互生。高木。関東南部〜沖縄に自生。公園、街路、社寺に植えられる。

シナノキ Tilia japonica

アオイ科。ゆがんだハート形の落ち葉。不分裂葉。葉身4－10cm、葉柄2－5cm。鋸歯縁。落葉樹。互生。高木。北海道、本州、九州の山地に生える。公園に植えられる。

ボダイジュ Tilia miqueliana

アオイ科。シナノキに似るが、裏に毛がたくさん生えている。不分裂葉。葉身5－10cm、葉柄2－4cm。鋸歯縁。落葉樹。互生。高木〜小高木。中国原産。社寺に植えられる。

アオイ科
ジンチョウゲ科
ビャクダン科

果実

紅葉 ×0.3
鋸歯は鈍い
表裏に毛がある
枯れ葉 ×0.3

紅葉 ×1
大きな鋸歯がある
浅く3裂する
樹皮
枯れ葉 ×1

紅葉 ×0.2
鋸歯はない
基部は湾入する
大きく3または5裂
枯れ葉 ×0.2
種子はシート状のものについたまま落ちる

フヨウ　Hibiscus mutabilis
アオイ科。5裂する大型の落ち葉。毛があり、ざらざらする。分裂葉。葉身10－20cm、葉柄5－15cm。鋸歯縁。落葉樹。互生。低木。中国原産。関東～九州で一部野生化。庭、公園に植えられ、栽培品種も多い。

ムクゲ　Hibiscus syriacus
アオイ科。庭木に多いフヨウの仲間の落ち葉。縦長で3裂する独特な形。分裂葉または不分裂葉。葉身4－10cm、葉柄0.7－2cm。鋸歯縁。落葉樹。互生。低木。中国原産。庭、公園、街路に植えられる。

アオギリ　Firmiana simplex
アオイ科。海岸沿いなどで見られる大型の分裂葉。舟形のシートにつく種子も目印。分裂葉。葉身16－22cm、葉柄15－20cm。全縁。落葉樹。互生。高木～小高木。伊豆～沖縄に自生する。公園、街路に植えられる。

緑葉 ×1
紅葉 ×1
細長い倒卵形
しわがよるように波打つ
葉柄はほとんどない
早春に花が咲く

紅葉 ×0.8
細長い楕円形
側脈は強く曲がって先へ伸びる
枯れ葉 ×0.8
枝は三叉する

紅葉 ×0.9
葉脈が目立たず表裏同じようにのっぺりしている
厚みがある
緑葉 ×0.9
他の樹木に寄生して球状に広がる

ジンチョウゲ　Daphne odora
ジンチョウゲ科。庭で見られる低木の落ち葉。細長く、ややしわがよったように見える。不分裂葉。葉身4－9cm、葉柄0.3cmほど。全縁。常緑樹。互生。低木。中国原産。庭、公園に植えられる。

ミツマタ　Edgeworthia chrysantha
ジンチョウゲ科。3つに枝分かれをするとくちょう的な枝ぶりの木。不分裂葉。葉身9－25cm、葉柄0.5－0.8cm。全縁。落葉樹。互生。低木。中国原産。本州～九州で庭や公園に、また和紙の原料として栽培される。

ヤドリギ　Viscum album
ビャクダン科。球状の姿でシラカンバ、ケヤキなどにとりつく寄生植物。古い葉は褐色に変色して落ちる。冬は黄色の実も目にとまりやすい。不分裂葉。2－8cm。全縁。常緑樹。対生。低木。北海道～九州に自生する。

ハンカチノキ *Davidia involucrata*

ミズキ科。鋸歯が目立つ大きなハート形の落ち葉。和名は大きく白い花の姿から。不分裂葉。葉身9－16cm、葉柄4－8cm。鋸歯縁。落葉樹。互生。高木。中国原産。公園、庭に植えられる。

ミズキ *Cornus controversa*

ミズキ科。林内や谷沿いで見られる広い楕円形の落ち葉。秋に黄葉して落ちる。不分裂葉。葉身6－15cm、葉柄2－5cm。全縁。落葉樹。互生。高木。北海道～九州に自生する。公園にも植えられる。

クマノミズキ *Cornus macrophylla*

ミズキ科。ミズキに似るが、やや細長く、葉柄が短い。対生する枝ぶりや芽鱗のない冬芽とあわせて見ると確実。不分裂葉。葉身6－16cm、葉柄1－3cm。全縁。落葉樹。対生。高木。本州～九州に自生する。

アメリカヤマボウシ（ハナミズキ）
Cornus florida

ミズキ科。街路樹などで見られる楕円形の落ち葉。タマネギ形の冬芽もとくちょう的。不分裂葉。葉身8－15cm、葉柄0.5－2cm。全縁。落葉樹。対生。小高木。北米原産。庭、街路、公園に植えられる。

サンシュユ *Cornus officinalis*

ミズキ科。庭などで見られるミズキの仲間の落ち葉。葉裏の毛が目印。不分裂葉。葉身4－12cm、葉柄0.5－1.5cm。全縁。落葉樹。対生。小高木～低木。中国、朝鮮半島原産。庭、公園に植えられる。

ヤマボウシ *Cornus kousa*

ミズキ科。庭や公園で見られるミズキの仲間。楕円形で湾曲する脈が目立つ。不分裂葉。葉身4－12cm、葉柄0.2－0.5cm。全縁。落葉樹。対生。小高木。本州～沖縄に自生。庭、公園、街路に植えられる。

アジサイ科

サカキ科

ガクアジサイ *Hydrangea macrophylla*
アジサイ科。緑葉は厚くしっかりだが、落ち葉はしなびてくしゃくしゃになる。不分裂葉。葉身10－15cm、葉柄1－4cm。鋸歯縁。落葉樹。対生。低木。関東南部～紀伊半島に自生。庭、公園、街路に植えられる。

コアジサイ *Hydrangea hirta*
アジサイ科。野山で見られるアジサイの一種。大きな鋸歯が目印。秋に美しく黄葉して落ちる。不分裂葉。葉身5－8.5cm、葉柄1.2－4cm。鋸歯縁。落葉樹。対生。低木。関東～九州の林に生える。

ウツギ *Deutzia crenata*
アジサイ科。明るい林縁などで見られるアジサイの仲間。細長い形でざらざらする。不分裂葉。葉身4－10cm、葉柄0.2－0.7cm。鋸歯縁。落葉樹。対生。低木。北海道南部～九州に自生する。庭に植えられる。

サカキ *Cleyera japonica*
サカキ科。暖地の林や社寺で見られる常緑樹。古い葉は黄色くなって落ちる。不分裂葉。葉身7－10cm、葉柄0.5－1cm。全縁。常緑樹。互生。高木～小高木。関東～九州の林に生える。社寺や庭に植えられる。

モッコク *Ternstroemia gymnanthera*
サカキ科。のっぺりしたへら形の落ち葉。古い葉は赤く紅葉して落ちる。不分裂葉。葉身4－6cm、葉柄0.3－0.7cm。全縁。常緑樹。互生。小高木～高木。関東南部～沖縄に自生する。庭、公園に植えられる。

ヒサカキ *Eurya japonica*
サカキ科。ひし形に近い楕円形で鋸歯が目立つ。古い葉は黄葉して落ちる。不分裂葉。葉身3－7cm、葉柄0.2－0.4cm。鋸歯縁。常緑樹。互生。小高木～低木。本州～沖縄の林に生える。社寺、庭、生垣に植えられる。

カキノキ科　ツバキ科

カキノキ（カキ） *Diospyros kaki*

カキノキ科。庭や畑で見られる果樹の落ち葉。オレンジ色〜赤色に美しく紅葉して落ちる。不分裂葉。葉身7−17cm、葉柄1−1.5cm。全縁。落葉樹。互生。小高木〜高木。中国原産。果樹園、庭に植えられる。

サザンカ *Camellia sasanqua*

ツバキ科。ツバキの仲間の落ち葉。カンツバキなど栽培品種が多い。不分裂葉。葉身4−8cm、葉柄0.2−0.5cm。鋸歯縁。常緑樹。互生。小高木〜低木。山口、四国、九州に自生。庭、生垣、公園、街路に植えられる。

ヤブツバキ *Camellia japonica*

ツバキ科。林や庭で見られるツバキ。落下後もかたさとつやがある。不分裂葉。葉身6−11cm、葉柄1−1.8cm。鋸歯縁。常緑樹。互生。小高木〜高木。本州〜沖縄に自生。庭、公園、街路に植えられる。栽培品種も多い。

チャノキ *Camellia sinensis*

ツバキ科。緑茶用に栽培される低木。冬に咲く花も目印。不分裂葉。葉身5−9cm、葉柄0.3−0.7cm。鋸歯縁。常緑樹。互生。低木。中国〜ラオスなどに自生、暖地で野生化。生垣、庭に植えられる。

ナツツバキ *Stewartia pseudocamellia*

ツバキ科。落葉性のツバキで、秋に美しく紅葉する。樹皮もとくちょう的。不分裂葉。葉身4−10cm、葉柄0.3−1.5cm。鋸歯縁。落葉樹。互生。高木〜小高木。東北南部〜九州の林に生える。庭、公園に植えられる。

エゴノキ Styrax japonica

エゴノキ科。林で見られるひし形の落ち葉。淡黄色に紅葉する。不分裂葉。葉身2－14cm、葉柄0.3－1cm。鋸歯縁または全縁。落葉樹。互生。小高木～高木。北海道～沖縄に自生する。庭、公園に植えられる。

ハクウンボク Styrax obassia

エゴノキ科。大きくて丸い落ち葉。秋に黄葉して落ちる。不分裂葉。葉身6－20cm、葉柄1－2cm。鋸歯縁または全縁。落葉樹。互生。小高木～高木。北海道～九州に自生。庭、公園、街路に植えられる。

マタタビ Actinidia polygama

マタタビ科。つる植物のやや大きい卵形落ち葉。初夏に緑葉が一部白化する。不分裂葉。葉身6－15cm、葉柄2－7cm。鋸歯縁。落葉樹。互生。つる性木本。北海道～九州の林縁などに生える。

サルナシ Actinidia arguta

マタタビ科。野生キウイの落ち葉。マタタビとの識別は果実などと合わせると確実。不分裂葉。葉身6－10cm、葉柄2－8cm。鋸歯縁。落葉樹。互生。つる性木本。北海道～九州に自生する。

キウイフルーツ Actinidia chinensis

マタタビ科。円形に近い大きな落ち葉。葉脈がへこみ、しわがあるように見える。不分裂葉。葉身10－15cm、葉柄3－10cm。鋸歯縁。落葉樹。互生。つる性木本。中国原産。果樹園、庭に植えられる。

リョウブ Clethra barbinervis

リョウブ科。乾いた林で見られる倒卵形の落ち葉。秋に黄色～赤色に紅葉して落ちる。不分裂葉。葉身6－15cm、葉柄1－4cm。鋸歯縁。落葉樹。互生。小高木。北海道南部～九州に自生。庭、公園に植えられる。

ミツバツツジ *Rhododendron dilatatum*

ツツジ科。枝先に葉が3枚ずつつくツツジの仲間。秋にオレンジ色に紅葉して落ちる。不分裂葉。葉身3－6cm、葉柄0.5－1.2cm。全縁。落葉樹。互生。低木。北海道～九州に自生する。庭、公園に植えられる。

コバノミツバツツジ *Rhododendron reticulatum*

ツツジ科。ミツバツツジよりも小さな落ち葉。似た仲間が多く、葉での区別は難しい。不分裂葉。葉身3－5cm、葉柄0.3－0.5cm。全縁。落葉樹。互生。低木。中部地方～九州の林に生える。庭に植えられる。

ヤマツツジ *Rhododendron kaempferi*

ツツジ科。花が朱色のツツジ。春の葉は冬に落ち、小さな夏の葉が枝先に残る。不分裂葉。葉身1－5cm、葉柄0.1－0.3cm。全縁。半常緑樹。互生。低木。北海道南部～九州の林に生える。公園、庭に植えられる。

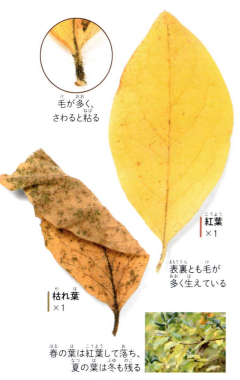

モチツツジ *Rhododendron macrosepalum*

ツツジ科。ヤマツツジに似るが、葉や若い枝をさわるとペタペタする。不分裂葉。葉身3－8cm、葉柄0.1－0.3cm。全縁。半常緑樹。互生。低木。中部地方～四国に自生する。庭、公園に植えられる。

サツキ *Rhododendron indicum*

ツツジ科。小型のツツジ。春の葉は紅葉して落ち、夏の葉は越冬する。不分裂葉。葉身1－3cm、葉柄0.1－0.2cm。全縁。半常緑樹。互生。低木。関東～九州の一部に自生する。庭、生垣、公園、街路に植えられる。

ヒラドツツジ *Rhododendron × pulchrum*

ツツジ科。いくつかの栽培品種の集まりでオオムラサキがよく植えられる。不分裂葉。葉身4－11cm、葉柄0.3－0.7cm。全縁。半常緑樹。互生。庭、生垣、街路、公園に植えられる。

ネジキ　Lyonia ovalifolia
ツツジ科。明るい林で見られるツツジの仲間。樹皮の割れ目がねじれる様も目印になる。不分裂葉。葉身4－10cm、葉柄0.5－1.5cm。全縁。落葉樹。互生。小高木～低木。東北南部～九州に自生。庭に植えられる。

ドウダンツツジ　Enkianthus perulatus
ツツジ科。生垣などで見られるツツジの仲間。秋に鮮やかな赤色に紅葉して落ちる。不分裂葉。葉身2－3cm、葉柄0.2－0.7cm。鋸歯縁。落葉樹。互生。低木。関東南部～九州に自生する。庭、公園に植えられる。

ブルーベリー　Vaccinium spp.
ツツジ科。果実用に栽培され、複数の種がある。秋に鮮やかに紅葉して落ちる。不分裂葉。葉身3－8cm、葉柄0－0.3cm。全縁または鋸歯縁。落葉樹。互生。低木。北米原産。果樹園、庭に植えられる。

アセビ　Pieris japonica
ツツジ科。乾いた林などで見られる常緑ツツジ。不分裂葉。葉身3－9cm、葉柄0.3－0.6cm。鋸歯縁。常緑樹。互生。低木～小高木。東北南部～九州に自生。庭、公園、街路に植えられる。

アオキ　Aucuba japonica
アオキ科。林内で見られる常緑低木の落葉。春に古い葉が黄色くなって落ちる。不分裂葉。葉身8－25cm、葉柄1－6cm。鋸歯縁。常緑樹。対生。低木。北海道西南部～沖縄に自生する。庭、公園に植えられる。

クチナシ　Gardenia jasminoides
アカネ科。暖地に多い常緑樹。古い葉は黄葉して落ちる。実の姿は独特。不分裂葉。葉身3－17cm、葉柄0.1－1cm。全縁。常緑樹。対生、三輪生。低木～小高木。東海～沖縄に自生。庭、生垣、公園に植えられる。

ハクチョウゲ *Serissa japonica*

アカネ科。庭などで見られる低木の小さな落ち葉。葉に斑が入る品種もある。不分裂葉。葉身0.5 − 2cm、葉柄0 − 0.2cm。全縁。常緑樹。対生。低木。中国原産。庭、生垣に植えられる。

ヘクソカズラ *Paederia foetida*

アカネ科。ヤブや林縁に多いつる植物の落ち葉。秋に黄色〜橙色に紅葉する。葉や実は独特のにおいがある。不分裂葉。葉身4 − 10cm、葉柄1 − 5cm。全縁。落葉樹。対生。つる性草本 - 木本。北海道〜沖縄に自生。

テイカカズラ *Trachelospermum asiaticum*

キョウチクトウ科。林内で見られる常緑つる植物の落ち葉。古くなった葉は紅葉して落ちる。不分裂葉。葉身1 − 10cm、葉柄0.3 − 0.7cm。全縁。常緑樹。対生。つる性木本。本州〜九州に自生。庭に植えられる。

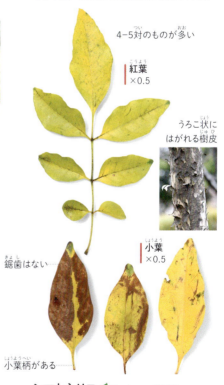

キョウチクトウ *Nerium oleander*

キョウチクトウ科。細長くしっかりした落ち葉。不分裂葉。葉身7 − 25cm、葉柄0.5 − 1.5cm。全縁。常緑樹。三輪生、対生。小高木〜低木。地中海沿岸〜インド原産。街路、公園、庭に植えられる。

トネリコ *Fraxinus japonica*

モクセイ科。主に寒冷地で見られる落ち葉。2 − 4対の楕円形の小葉からなる。羽状複葉。20 − 40cm、小葉5 − 15cm。鋸歯縁。落葉樹。対生。高木。東北〜中部地方に自生する。公園に植えられる。

シマトネリコ *Fraxinus griffithii*

モクセイ科。常緑樹では珍しい羽状複葉。古い葉は黄色く変色して落ちる。羽状複葉。12 − 25cm、小葉3 − 10cm。全縁。常緑樹。対生。小高木〜高木。沖縄に自生する。暖地で庭、公園、街路に植えられる。

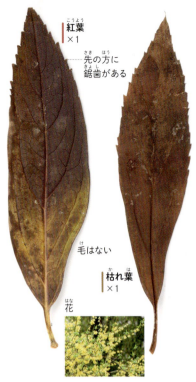

シナレンギョウ Forsythia viridissima

モクセイ科。春に黄色の花をたくさんつける低木の落ち葉。不分裂葉。葉身6－10cm、葉柄0.7－1.2cm。鋸歯縁または全縁。落葉樹。対生。低木。中国原産。庭、公園、生垣に植えられる。

ムラサキハシドイ（ライラック） Syringa vulgaris

モクセイ科。三角形の落ち葉。秋に黄葉して落ちる。春に紫色の花が咲く。不分裂葉。葉身4－10cm、葉柄1－2.5cm。全縁。落葉樹。対生。低木～小高木。ヨーロッパ原産。庭、公園に植えられる。

イボタノキ Ligustrum obtusifolium

モクセイ科。林内や林縁に生える低木の小さな楕円形落ち葉。冬まで残る暗紫色の実も目印。不分裂葉。葉身2－7cm、葉柄0.1－0.2cm。全縁。落葉樹。対生。低木。北海道～九州に自生する。生垣にも植えられる。

ネズミモチ Ligustrum japonicum

モクセイ科。暖地の林で見られる常緑樹の落ち葉。古い葉は黄色くなって落ちる。不分裂葉。葉身4－10cm、葉柄0.5－1.2cm。全縁。常緑樹。対生。低木～小高木。本州～沖縄に自生。生垣、庭、公園に植えられる。

トウネズミモチ Ligustrum lucidum

モクセイ科。ネズミモチに似るが、大きさ、厚み、側脈などに違いがある。不分裂葉。葉身6－12cm、葉柄1－2.5cm。全縁。常緑樹。対生。小高木。中国原産。生垣、公園、街路などに植えられる。

オリーブ Olea europaea

モクセイ科。果実からオイルがとれる常緑樹。古い葉は黄変して落ちる。不分裂葉。葉身3－6cm、葉柄0.2－0.5cm。全縁。常緑樹。対生。小高木～高木。地中海地方原産。庭、公園、果樹園に植えられる。

キンモクセイ *Osmanthus fragrans* var. *aurantiacus*

モクセイ科。秋に強い香りの橙色の花をつける常緑樹。同種に白花のギンモクセイなどがある。不分裂葉。葉身7－12cm。葉柄0.7－1.5cm。鋸歯縁または全縁。常緑樹。小高木。対生。中国原産。庭、公園に植えられる。

ヒイラギ *Osmanthus heterophyllus*

モクセイ科。かたくとげのある落ち葉。成木では全縁のものが多くなる。不分裂葉。葉身3－7cm、葉柄0.7－1.2cm。鋸歯縁または全縁。常緑樹。対生。小高木。関東～沖縄の林に生える。庭、公園に植えられる。

ヒイラギモクセイ *Osmanthus x fortunei*

モクセイ科。ヒイラギとギンモクセイの雑種。ヒイラギより大きく、とげ状の鋸歯が多い。不分裂葉。葉身4－9cm、葉柄0.4－1.5cm。鋸歯縁または全縁。常緑樹。小高木～低木。生垣、庭、公園に植えられる。

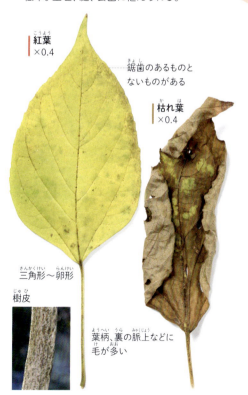

オウバイ *Jasminum nudiflorum*

モクセイ科。3枚1組の小さな落ち葉。たくさんの枝が長く垂れる姿がとくちょう的。三出複葉。小葉1－4cm、葉柄0.3－1cm。全縁。落葉樹。対生。中国原産。庭、公園に植えられる。

ムラサキシキブ *Callicarpa japonica*

シソ科。林縁などで見られる低木の落ち葉。秋に色づく紫色の実も目印。不分裂葉。葉身6－13cm、葉柄0.2－0.7cm。鋸歯縁。落葉樹。対生。低木。北海道～沖縄に自生する。庭に植えられる。

クサギ *Clerodendrum trichotomum*

シソ科。葉柄が長い三角形の落ち葉。緑葉や新しい落ち葉には独特のにおいがある。不分裂葉。葉身10－20cm、葉柄8－15cm。全縁または鋸歯縁。落葉樹。対生。小高木～低木。北海道～沖縄に自生する。

キリ科

モチノキ科

紅葉 ×0.2
ハート状～五角形状
葉裏に毛が多い
枯れ葉 ×0.2
卵形の実は枝にしばらく残る

キリ *Paulownia tomentosa*

キリ科。多角形状の巨大な落ち葉。分裂葉または不分裂葉。葉身15－30cm、葉柄6－20cm。全縁または鋸歯縁。落葉樹。対生。高木。中国原産。各地で野生化。庭に植えられる。

紅葉 ×0.9
浅い鋸歯がある
楕円形～卵形
枯れ葉 ×0.9
和名は樹皮をはぐと緑色であることから

アオハダ *Ilex macropoda*

モチノキ科。林で見られる卵形の落ち葉。秋に淡黄色に紅葉して落ちる。不分裂葉。葉身4－8cm、葉柄1－2cm。鋸歯縁。落葉樹。互生。小高木～高木。北海道～九州に自生する。庭、公園に植えられる。

紅葉 ×0.9
緑葉 ×0.9
縁が大きく波打つ
秋に赤い実がなる

ソヨゴ *Ilex pedunculosa*

モチノキ科。縁が波打つ楕円形の落ち葉。古くなった葉は黄葉して落ちる。不分裂葉。葉身4－8cm、葉柄1－1.5cm。全縁。常緑樹。互生。小高木。東北南部～九州の林に生える。庭に植えられる。

先は少しつき出し丸い
紅葉 ×1
緑葉 ×1
葉脈が目立たない
秋に赤い実がなる

モチノキ *Ilex integra*

モチノキ科。楕円形ののっぺりした落ち葉。古い葉は黄葉して落ちる。不分裂葉。葉身4－8cm、葉柄0.5－1.5cm。全縁または鋸歯縁。常緑樹。互生。小高木～高木。東北南部～沖縄に自生。庭、公園に植えられる。

紅葉 ×0.7
表側に反り、落ち葉でさらにたわむ
緑葉 ×0.7
全体に無毛
赤い実は集まってつく

クロガネモチ *Ilex rotunda*

モチノキ科。西日本の暖地の林に多い常緑樹の落ち葉。不分裂葉。葉身6－10cm、葉柄1.5－2cm。全縁または鋸歯縁。常緑樹。互生。高木～小高木。関東～沖縄に自生する。庭、公園、街路に植えられる。

低い鋸歯がある
枯れ葉 ×1
側脈は目立たない
紅葉 ×1
緑葉 ×1
樹皮

イヌツゲ *Ilex crenata*

モチノキ科。小さな楕円形の落ち葉。古い葉は黄色～褐色になり落ちる。不分裂葉。葉身1－3cm、葉柄0.1－0.2cm。鋸歯縁。常緑樹。互生。低木～小高木。北海道～九州に自生する。庭、生垣、公園に植えられる。

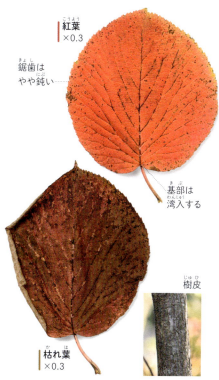

タラヨウ　*Ilex latifolia*
モチノキ科。大きな楕円形で縁がギザギザの落ち葉。傷つくとすぐに変色する。不分裂葉。葉身10-18cm、葉柄1.5-2cm。鋸歯縁。常緑樹。互生。高木～小高木。東海～九州に自生する。社寺、庭に植えられる。

ガマズミ　*Viburnum dilatatum*
レンプクソウ科。丘陵～山地の林で見られる円形の落ち葉。さわるとざらざらする。不分裂葉。葉身5-14cm、葉柄1-3cm。鋸歯縁。落葉樹。対生。低木。北海道西南部～九州の林に生える。

オオカメノキ　*Viburnum furcatum*
レンプクソウ科。山地の林で見られる大きな円形の落ち葉。秋に黄色～赤色に紅葉して落ちる。不分裂葉。葉身6-20cm、葉柄1.5-4cm。鋸歯縁。落葉樹。対生。小高木～低木。北海道～九州に自生する。

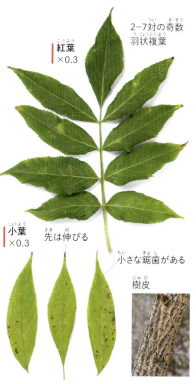

サンゴジュ　*Viburnum odoratissimum* var. *awabuki*
レンプクソウ科。暖地の林内、生垣で見られる光沢のある落ち葉。不分裂葉。葉身7-20cm、葉柄1-4.5cm。鋸歯縁または全縁。常緑樹。対生。小高木～高木。関東南部～沖縄に自生。庭、公園に植えられる。

ニワトコ　*Sambucus racemosa*
レンプクソウ科。林縁などで見られる低木の落ち葉。秋に緑色があせて落葉する。羽状複葉。8-30cm、小葉4-12cm。鋸歯縁。落葉樹。対生。低木～小高木。北海道～九州に自生する。庭にも植えられる。

スイカズラ　*Lonicera japonica*
スイカズラ科。林に生えるつる植物の葉。冬は、先の方の葉だけが残る。不分裂葉。葉身2.5-8cm、葉柄0.3-0.8cm。全縁。半常緑樹。対生。つる性木本。北海道西南部～沖縄に自生。庭にも植えられる。

ハナゾノツクバネウツギ（アベリア）
Abelia x grandiflora

スイカズラ科。植え込みに多い木で、アベリアとも呼ばれる。古い葉は冬に落ち、枝先の葉が越冬する。不分裂葉。葉身2－5cm、葉柄0.1－0.3cm。鋸歯縁。半常緑樹。対生。低木。中国原産。庭、公園に植えられる。

ハコネウツギ *Weigela coraeensis*

スイカズラ科。タニウツギ類の一種。秋に黄葉して落ちる。不分裂葉。葉身8－16cm、葉柄0.8－1.5cm。鋸歯縁。落葉樹。対生。低木～小高木。本州中部海岸に自生。庭、公園に植えられる。

トベラ *Pittosporum tobira*

トベラ科。へらのような形のかたい落ち葉。古い葉は黄葉して落ちる。不分裂葉。葉身4－10cm、葉柄0.4－1cm。全縁。常緑樹。互生。低木～小高木。東北南部～沖縄の海岸林に自生。庭、公園、街路に植えられる。

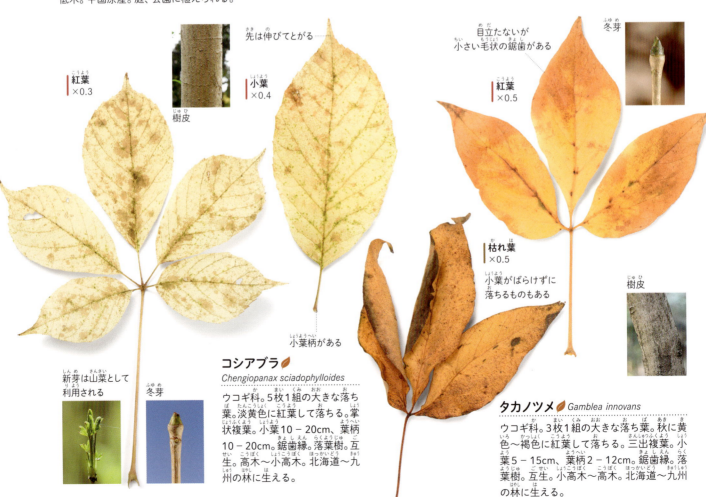

コシアブラ
Chengiopanax sciadophylloides

ウコギ科。5枚1組の大きな落ち葉。淡黄色に紅葉して落ちる。掌状複葉。小葉10－20cm、葉柄10－20cm。鋸歯縁。落葉樹。互生。高木～小高木。北海道～九州の林に生える。

タカノツメ *Gamblea innovans*

ウコギ科。3枚1組の大きな落ち葉。秋に黄色～褐色に紅葉して落ちる。三出複葉。小葉5－15cm、葉柄2－12cm。鋸歯縁。落葉樹。互生。小高木～高木。北海道～九州の林に生える。

ハリギリ *Kalopanax septemlobus*
ウコギ科。大きくて厚みのある手のひら形の落ち葉。秋にくすんだ黄色になって落ちる。枝や幹にとげがある。分裂葉。10－25cm、葉柄10－30cm。鋸歯縁。落葉樹。互生。高木。北海道〜沖縄に自生する。

キヅタ *Hedera rhombea*
ウコギ科。林内で見られるつる植物。似た姿のツタとは違い常緑樹。分裂葉または不分裂葉。葉身3－7cm、葉柄1.5－5cm。全縁。互生。つる性木本。北海道南部〜沖縄の林に生える。庭に植えられる。

カクレミノ *Dendropanax trifidus*
ウコギ科。3裂する厚みのある落ち葉。古い葉は黄葉して落ちる。分裂葉または不分裂葉。葉身5－14cm、葉柄2－10cm。全縁。常緑樹。互生。東北南部〜沖縄に自生する。庭、公園に植えられる。

ヤツデ *Fatsia japonica*
ウコギ科。切れこみの多い巨大な落ち葉。古い葉は黄色くなって落ちる。分裂葉。10－30cm、葉柄20－40cm。鋸歯縁。常緑樹。互生。低木。関東〜沖縄の林内に生える。庭、公園に植えられる。

冬に白い花が咲く

タラノキ *Aralia elata*
ウコギ科。明るい林縁などで見られる巨大な羽状複葉の落ち葉。葉や枝に鋭いとげがある。羽状複葉。50－100cm、小葉5－10cm。鋸歯縁。落葉樹。互生。低木〜小高木。北海道〜九州に自生する。

落ち葉が落ちるまで
コナラの葉の一生

木に一生があるように、葉にも一生があります。コナラ（P.35）の例で見てみましょう。春、冬芽が開きます。新芽が広がってやわらかな若葉に、しだいに硬くなって成葉になります。秋、気温が低くなってくると、葉の活動は弱まり、緑色が失われて紅葉します。そして冬、役割を終えた葉は枝を離れて落ち、落ち葉になります。落ち葉は葉の一生の最後の一コマです。

冬芽
褐色の芽鱗の内側には、緑色の葉が何枚も準備されている（断面：円内）

芽吹き
4月22日 芽鱗の間隔が開いて、芽が長くなった
4月26日 赤褐色と淡緑色の葉が見えてきた
4月27日 開いて葉っぱらしい形になってきた
4月29日 若葉は毛が多く白っぽく見える

新葉
展開すると白さがなくなる。尾のように垂れ下がっているのは雄花

4月 / 5月 / 6月 / 7月

落ち葉を知る

8月

9月

10月

11月

12月

成葉
8月23日 — 夏の葉は濃い緑色でかたい

10月24日 — 緑色があせてきた

紅葉
11月6日 — 黄色からオレンジ色に紅葉した

11月13日 — 茶色くなって枯れ葉になった

12月5日 — 枝を離れて落ちた

光に透けた紅葉が美しい

強い風が吹くと、一度にたくさんの葉が落ちる

枯れ葉
地面に落ち、乾燥した枯れ葉になる

長野県南部で観察した例です。芽吹き、落葉などの時期は場所によって変わります。

紅葉、黄葉、褐葉
おつかれさまの色

秋、葉は赤色や黄色に変わります。紅葉です。植物はどうして紅葉するのでしょうか。春から夏の葉の緑色は、光を浴びて栄養を生み出す光合成というはたらきのしるしです。赤や黄色は、約半年間はたらきつづけた葉が、その役割を終えるときを知らせる色。その色合いは種類によってそれぞれちがいます。

緑葉──光を受けて栄養をつくる

光合成を行うのは葉の中の葉緑体という場所で、光を受けるアンテナの役割をする緑色の色素、クロロフィルがたくさん含まれています。葉が緑色なのはこのクロロフィルのためです。

オオモミジ　コナラ

初夏の雑木林　見上げるとほとんどすきまなく葉がおおっている。

カツラ

フジ

黄葉──かくれていた色

カツラやイチョウなどの黄葉の正体はカロテノイドという黄色い色素です。カロテノイドは緑葉のときから含まれていますが、クロロフィルの1/8と少ないので、黄色がほとんど見えません。秋になりクロロフィルが分解されると緑色が失われ、かくれていたカロテノイドの黄色が目立つようになり、黄色い葉になります。

エノキ

イチョウ

ダンコウバイ

アカメガシワ　コアジサイ

イチョウの黄葉の様子

10月4日

10月18日

10月24日

10月31日

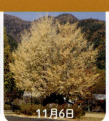
11月6日

11月13日

イロハモミジ

イロハモミジの紅葉の様子

10月24日
11月6日
11月13日
11月17日
11月21日
11月28日

落ち葉を知る

紅葉──新しくつくられる色

カエデなどは鮮やかな赤色に紅葉しますが、その正体はアントシアニンという赤色の色素です。秋、葉柄に離層という、水や養分の通り道をふさぐ組織ができると、光合成でつくられる糖分は葉にたまり、アントシアニンに変わります。クロロフィルが分解されると緑色が薄れ、アントシアニンの赤色が目立つ赤い葉になります。

ハウチワカエデ
トウカエデ

ツタ

ドウダンツツジ
ナナカマド

ヤマウルシ

クヌギ
ラクウショウ

メタセコイア

褐葉──渋い紅葉

クヌギなどの紅葉は褐色です。また紅葉や黄葉もしばらくすると褐色になります。褐色のフロバフェンという物質がつくられるからだと考えられています。

長野県南部で観察した例です（イチョウ、イロハモミジとも）。紅葉の時期は場所によって変わります。

落ち葉を知る

常緑樹の葉は落ちない?
葉の寿命

落葉樹は冬になるといっせいに葉を落とし、幹と枝だけの姿になります。それに対して冬の間も葉をつけたままなのが常緑樹です。では常緑樹の葉は落ちないのでしょうか？ 気をつけて観察すると、常緑樹でも目立たないだけで、古くなった葉は紅葉して落ちることがわかります。どんな木の葉にも寿命があります。寿命の長さや落葉の時期、落とし方は木によってさまざまです。

落葉樹の落葉

冬は気温が低く、葉の光合成のはたらきが弱まります。葉をつけたままだとその分のエネルギーを使ってしまうので、落葉樹では葉を一斉に落とし、春になったらまた新しい葉をつくるというやり方で冬を過ごします。一枚の葉が活動するのは春から秋までです。

イチョウの落葉

ハナノキの紅葉

イロハモミジの落ち葉

ケヤキの冬の姿

クヌギ

落葉のしくみ

秋、葉柄と枝の間に「離層」という特別な組織ができます。導管と師管が閉じられ、栄養分や水分は行き来できなくなります。しだいにその部分が弱くなって切れ、葉は枝から落ちます。

なかなか落ちない枯れ葉

ヤマコウバシやカシワの枯れ葉はすぐには落ちません。コナラやクヌギなどの若木でも枯れ葉が枝に長く残ります。

ヤマコウバシ

カシワ

常緑樹の紅葉、落葉

常緑樹の中にも葉を落とす前にきれいに紅葉するものがあります。ただ、古くなった葉だけが紅葉し、緑葉がついたままなので、目立ちません。クスノキやユズリハのように春にまとめて落とすもの、ヒノキのように秋から翌春にかけて少しずつ落とすものなど、落葉の時期と方法はさまざまです。

落ち葉を知る

クスノキの紅葉、春
ヒノキの紅葉、秋
クスノキの落葉、春
シロダモの落葉、春
クスノキの冬の姿
ソヨゴの紅葉、秋
ユズリハの紅葉、春
カクレミノの紅葉、秋

半常緑樹

サツキやスイカズラは、根元の古い葉を落とし、枝先の葉を少し残した状態で冬を過ごします。そのため半常緑樹と呼ばれることもあります。

スイカズラ

サツキ

クスノキ　アカマツ　タブノキ　イヌマキ

葉の寿命

芽が開いたときから落葉するまでが葉の寿命とすると、落葉樹の葉の寿命は春から秋の約半年ほどです。常緑樹の葉の寿命はさまざまで、クスノキで約1年、アカマツやクロマツは約2年、タブノキやアカガシは2-3年、モミで4-5年、シロダモでは10年、イヌマキでは17年もの長生きの葉が見つかっているそうです。

落ち葉、何枚？
50センチ四方の林の落ち葉

冬の林にはたくさんの落ち葉があります。いったい何枚くらいあるのでしょうか。全部を数えることはとてもできませんが、小さな範囲にかぎって、ていねいに調べてみましょう。どんな落ち葉が、どのくらい落ちているかを少し想像できるようになります。

10月から12月まで、雑木林に50cm×50cmのリタートラップ（網）をおき、たまった落ち葉を調べ、種類ごとにまとめて並べた。

（左）林床に設置したリタートラップ（右）トラップ上の木々。もっとも太いのはクヌギ。

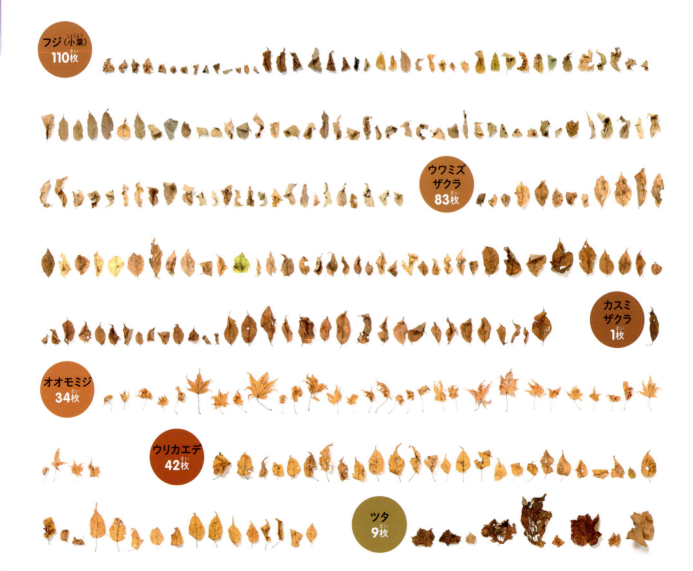

フジ（小葉）110枚
ウワミズザクラ 83枚
カスミザクラ 1枚
オオモミジ 34枚
ウリカエデ 42枚
ツタ 9枚

落ち葉を知る

長野県南部の平地にある雑木林の例です。落ち葉の数や種類は場所によって変わります。

落ち葉のゆくえ
森の土の断面

落ち葉を知る

落ち葉を上から少しずつめくっていくと……

表面の落ち葉はかわいている

その下は湿って平たくなった落ち葉

さらに下は細かくなった落ち葉

落ち葉はもう見えない。土に植物の細かい根がはる。

落ち葉の下はどうなっているのでしょうか？　落ち葉を少しずつめくってみましょう。上の方の落ち葉はしっかりした形ですが、下の方にいくほど穴が空いたり、小さなかけらになっていきます。さらに下は土の世界。掘って調べてみると、下の方の土は黄土色ですが、落ち葉に近い上の方の土は黒く、植物の根がたくさん通っています。分解された落ち葉の成分がたっぷり含まれた黒い土です。

落ち葉を知る

落ち葉とそのかけらがたくさん含まれる

真っ黒な土。植物の根がたくさん入っている

黒と黄土色が混じった色の土

下の方は黄土色の土。植物の根はほとんどない

長野県の落葉広葉樹林の土壌断面の例。土壌の様子は場所や環境で大きく変わります。

落ち葉を知る

土をつくるもの
落ち葉を食べる小さな生きもの

林にたくさんつもった落ち葉も、夏が終わるころには土が見えるほど少なくなってしまいます。落ち葉はどこへいったのでしょうか？　それは生きものたちのしわざです。その多くは大変小さく目立ちませんが、彼らが食べることで大量の落ち葉は目に見えなくなるほど細かく分解されます。木はそうしてできた養分を根から吸収することで、また新しい葉をつくることができます。

オカダンゴムシ
落ち葉や石、朽ち木の下にいる、丸まることでおなじみのダンゴムシ。人家の庭、公園などやや乾燥した場所に多い。体長13mmほど。

食痕

ふん

オカダンゴムシによる落ち葉の分解　15匹が17日間でソメイヨシノの落ち葉3枚を食べた。

ヤスデの仲間
落ち葉の下ではヤスデの仲間がよく見つかる。ムカデとのちがいは体1節に足2対ずつついていること。

ナメクジ
もっとも普通のナメクジ。地面や、木の隙間などで見られる。雑食性。

フトミミズの仲間
土の中、落ち葉だまりの下で見つかるミミズ。落ち葉など植物質を食べている。

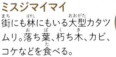

ミスジマイマイ
街にも林にもいる大型カタツムリ。落ち葉、朽ち木、カビ、コケなどを食べる。

ふん

ふん

カブトムシの幼虫
林の落ち葉だまりや朽ち木の下の土中で見つかる。大きく四角いふんをたくさんする。

落ち葉を知る

シマミミズの仲間
湿った落ち葉などで見られる。人家周辺に多い。

マクラギヤスデ
落ち葉で見つかる平たいヤスデ。体長30mmほど。

ウスカワマイマイ
小型で殻の薄いカタツムリ。野菜など生の葉も食べる。

オオケマイマイ
毛がたくさん生えたカタツムリ。殻の直径25mmほど。

ヒダリマキゴマガイ
落ち葉で見つかるとても小さな巻貝。殻の長さ2mmくらい。

ワラジムシ
ダンゴムシより湿ったところに多い。落ち葉など雑食性。

タマヤスデ
ダンゴムシのように丸くなるヤスデの一種。落ち葉や朽ち木で見つかる。

ニホンヒメフナムシ
ダンゴムシやワラジムシに近い仲間。体長13mmほど。

ムラサキトビムシの仲間
落ち葉にたくさん群れているのが見られる。体長1mmくらい。

シママルトビムシ
体長2mmほど。きれいな色と模様をしたトビムシ。

アヤトビムシの仲間
背中にかたまって生える毛が目立つトビムシ。体長2mmくらい。

アカイボトビムシ
赤く、イボ状の突起をまとったトビムシ。体長2mmくらい。

トビムシの仲間
体長2mmくらい。トビムシには落ち葉やカビ、キノコを食べるものがいる。

コバネダニの仲間
小さく、丸く、つるつるしたダニ。落ち葉が主食。体長1mmくらい。

アカケダニ
ビロードのような赤いダニ。体長3mmほど。他の小生物を食べる。

コブタカラダニ
体じゅうにゴミをつけたダニ。体長3mmくらい。

ムラサキシメジ
傘の直径6-10cm。きのこなどの菌類も落ち葉の重要な分解者。

ホテイシメジ
とくにカラマツなどの林で見られるきのこ。傘の直径3-7cm。

カラカサタケ
高さ30cmにもなる背の高いきのこ。明るい林で見られる。

オチバタケの仲間
傘の直径1cmくらい。森林ではさまざまなきのこが落ち葉を分解している。

落ち葉と生きる
落ち葉の生物図鑑

生物の中にはさまざまに落ち葉を利用するものがいます。落ち葉を巣や蓑の材料として使うものがいます。落ち葉にそっくりな姿になって、天敵の目を逃れようとするものもいます。たくさん降り積もった落ち葉の下は、冬の厳しい寒さや乾燥から身を守ることのできる越冬場所でもあります。落ち葉は、いろいろな形で多くの生物がくらすための場をつくりだしています。

落ち葉にまぎれて身を守る

ムラサキシャチホコ
落ち葉そっくりなガ。カールしているように見えるのは翅の模様。

落ち葉を巣や蓑に利用する

ニトベミノガ（幼虫）
ミノムシと呼ばれるミノガの一種。大きな枯れ葉をたくさんつける。

スジボソヤマキチョウ
翅の表側はきれいな黄色だが、翅を閉じると枯れ草のようで目立たない。

ミスジチョウ（幼虫）
枯れ葉色をしたチョウの幼虫。カエデの葉にしがみついて冬をすごす。

ホソオビヒゲナガ（幼虫）
小さなガの幼虫。落ち葉を切り抜き、はりあわせて蓑をつくる。

ゴマフヒゲナガ（幼虫）
落ち葉を切り抜いた蓑に入ってくらす。食べものも落ち葉。

スミナガシの蛹
枝にぶらさがるチョウの蛹。落ち残った、虫食い穴つきの枯れ葉のよう。

ムラサキトビケラの仲間（幼虫）
水中でくらすトビケラの一種。落ち葉の蓑に入って、落ち葉を食べる。

アケビコノハ
翅の表側は明るいオレンジ色、裏側は枯れ葉色。じっとしているとなかなか気がつかない。

ニホンヒメグモ
網の真ん中につけた落ち葉にかくれているクモ。子育ても落ち葉で。

ヒメネズミ（巣）
巣箱につくられた巣。落ち葉をたくさんつめこんである。

落ち葉を知る

落ち葉の下で冬をすごす

ミヤマセセリ（幼虫）
落ち葉を二枚合わせた巣をつくり、その中で冬越しする。

オオムラサキ（幼虫）
エノキなどの木の根元にたまった落ち葉にしがみついて冬をすごす。

ホシミスジ（幼虫）
ユキヤナギなどにいるチョウの幼虫。枯れ葉の先をとじた中で越冬する。

エサキモンキツノカメムシ
背中にハートマークのあるカメムシ。たまった落ち葉の間で冬をすごす。

ツマグロオオヨコバイ
鮮やかな黄色をしたヨコバイの仲間。落ち葉の間や土の中で冬をすごす。

ヒゲナガオトシブミ
首の長いオトシブミの仲間。たまった落ち葉の間で冬越しする。

ヒメカメノコテントウ
小さなテントウムシの仲間。たまった落ち葉の下で越冬する。

ワカバグモ
鮮やかな黄緑色のクモ。落ち葉の間で冬をすごす。

落ち葉のある場所でみられるその他の生物

ムカデの仲間
ヤスデとちがい、他の昆虫などを襲って食べる肉食性が多い。

ゲジ
たくさんの長い脚ですばやく歩く。ゲジゲジとも呼ばれる。

モリチャバネゴキブリ
小型のゴキブリ。雑木林などの地面や落ち葉の間でくらしている。

マダラカマドウマ
脚の長いバッタの仲間。地面や薄暗い場所で見られる。

ヒゲジロハサミムシ
落ち葉や朽ち木、石の下などに産卵し、子育てをする。

ツチカメムシ
地表でくらす小型のカメムシ。植物の種子などが食べもの。

エゾアリガタハネカクシ
派手な色のハネカクシの仲間。皮膚に炎症をひきおこす体液を持っている。

ミツマタカギカニムシ
ハサミをもつ小さなカニムシの仲間。トビムシなどをつかまえて食べる。

ミスジコウガイビル
名前の似たヒルとはちがい、ミミズなどをつかまえて食べる。

植物名さくいん

ア

アオイ科	45
アオキ	52
アオキ科	52
アオギリ	46
アオツヅラフジ	22
アオハダ	56
アカガシ	36
アカシデ	38
アカネ科	52
アカマツ	14
アカメガシワ	39
アキニレ	32
アケビ	22
アケビ科	22
アケボノスギ	17
アサ科	33
アジサイ科	48
アズキナシ	29
アセビ	52
アブラチャン	21
アベマキ	35
アベリア	58
アメリカスズカケノキ	23
アメリカフウ	24
アメリカヤマボウシ	47
アラカシ	36
アワブキ	23
アワブキ科	23
イイギリ	40
イスノキ	24
イタヤカエデ	43
イチイ	17
イチイ科	17
イチジク	34
イチョウ	14
イチョウ科	14
イトザクラ	29
イヌエンジュ	26
イヌガヤ	17
イヌシデ	38
イヌツゲ	56
イヌマキ	15
イブキ	16
イボタノキ	54
イロハモミジ	42
ウコギ科	58
ウツギ	48
ウバメガシ	36
ウメ	29
ウラジロガシ	36
ウリカエデ	43
ウリハダカエデ	42
ウルシ科	41
ウワミズザクラ	29
ウンシュウミカン	44
エゴノキ	50
エゴノキ科	50
エドヒガン	29
エノキ	33
エンジュ	26
オウトウ	28
オウバイ	55
オオカメノキ	57
オオシマザクラ	28
オオムラサキ	51
オオモミジ	42
オニグルミ	37
オリーブ	54

カ

カイヅカイブキ	16
カキ	49
カキノキ	49
カキノキ科	49
ガクアジサイ	48
カクレミノ	59
カゴノキ	20
カザンデマリ	31
カシワ	35
カスミザクラ	28
カツラ	25
カツラ科	25
カナメモチ	31
カバノキ科	37
ガマズミ	57
カヤ	17
カラスザンショウ	45
カラタチ	44
カラマツ	15
カリン	30
カンツバキ	49
キウイフルーツ	50
キヅタ	59
キハギ	27
キョウチクトウ	53
キョウチクトウ科	53
キリ	56
キリ科	56
ギンドロ	40
キンモクセイ	55
ギンモクセイ	55
クサギ	55
クサボケ	30
クズ	27
クスノキ	20
クスノキ科	20
クチナシ	52
クヌギ	34
クマシデ	38
クマノミズキ	47
グミ科	32
クリ	34
クルミ科	37
クロウメモドキ科	32
クロガネモチ	56
クロマツ	14
クロモジ	21
クワ	33
クワ科	33
ゲッケイジュ	20
ケヤキ	33
ケヤマハンノキ	37
ケンポナシ	32
コアジサイ	48
コウヤマキ	15
コウヤマキ科	15

植物名さくいん

コクサギ	44
コシアブラ	58
コデマリ	31
コナラ	35
コノテガシワ	16
コハウチワカエデ	42
コバノミツバツツジ	51
コブシ	18

サ

サイカチ	27
サカキ	48
サカキ科	48
サクランボ	28
ザクロ	41
サザンカ	49
サツキ	51
サルスベリ	40
サルトリイバラ	21
サルトリイバラ科	21
サルナシ	50
サワラ	16
サンゴジュ	57
サンシュユ	47
サンショウ	45
シイ	36
シキミ	18
シソ科	55
シダレザクラ	29
シダレヤナギ	40
シナノキ	45
シナレンギョウ	54
シマトネリコ	53
シャリンバイ	31
シュロ	21
シラカシ	36
シラカバ	37
シラカンバ	37
シロダモ	20
シンジュ	45
ジンチョウゲ	46
ジンチョウゲ科	46

スイカズラ	57
スイカズラ科	57
スギ	16
スズカケノキ	23
スズカケノキ科	23
スダジイ	36
ズミ	30
セイヨウハコヤナギ	40
セイヨウミザクラ	28
セイヨウリンゴ	30
センダン	45
センダン科	45
ソテツ	14
ソテツ科	14
ソメイヨシノ	28
ソヨゴ	56

タ

ダイオウショウ	14
ダイオウマツ	14
タイサンボク	18
タイワンフウ	24
タカノツメ	58
タチバナモドキ	31
タブノキ	20
タラノキ	59
タラヨウ	57
ダンコウバイ	21
チャノキ	49
ツゲ	24
ツゲ科	24
ツタ	25
ツタウルシ	41
ツツジ科	51
ツヅラフジ科	22
ツノハシバミ	38
ツバキ科	49
ツルウメモドキ	39
ツルマサキ	39
テイカカズラ	53
ドイツトウヒ	15
トウカエデ	43

トウダイグサ科	39
ドウダンツツジ	52
トウネズミモチ	54
トキワサンザシ	31
トサミズキ	25
トチノキ	44
トネリコ	53
トベラ	58
トベラ科	58

ナ

ナツツバキ	49
ナナカマド	32
ナラガシワ	35
ナワシログミ	32
ナンキンハゼ	39
ナンテン	22
ニガキ科	45
ニシキギ	38
ニシキギ科	38
ニセアカシア	26
ニホンナシ	30
ニレ科	32
ニワウルシ	45
ニワトコ	57
ヌルデ	41
ネコヤナギ	40
ネジキ	52
ネズミサシ	17
ネズミモチ	54
ネムノキ	27
ノイバラ	32
ノダフジ	26
ノブドウ	25

ハ

ハウチワカエデ	42
ハクウンボク	50
ハクチョウゲ	53
ハクモクレン	18
ハコネウツギ	58

75

植物名さくいん

ハナズオウ	27
ハナゾノツクバネウツギ	58
ハナノキ	43
ハナミズキ	47
ハナモモ	29
ハマナス	32
バラ科	28
ハリエンジュ	26
ハリギリ	59
ハルニレ	33
ハンカチノキ	47
ハンノキ	37
バンレイシ科	19
ヒイラギ	55
ヒイラギナンテン	23
ヒイラギモクセイ	55
ヒサカキ	48
ヒトツバカエデ	43
ヒノキ	16
ヒノキ科	16
ヒマラヤスギ	15
ヒメコウゾ	34
ビャクシン	16
ビャクダン科	46
ピラカンサ類	31
ヒラドツツジ	51
ビワ	31
フウ	24
フウ科	24
フサザクラ	22
フサザクラ科	22
フジ	26
フジキ	26
ブドウ科	25
フトモモ科	41
ブナ	34
ブナ科	34
フモトミズナラ	35
フヨウ	46
プラタナス	23
ブルーベリー	52
ヘクソカズラ	53
ホオノキ	19
ボダイジュ	45
ポプラ	40
ポポー	19

マ

マキ科	15
マグワ	33
マサキ	39
マタタビ	50
マタタビ科	50
マツ科	14
マツブサ科	18
マテバシイ	37
マメ科	26
マユミ	38
マンサク	24
マンサク科	24
ミカン	44
ミカン科	44
ミズキ	47
ミズキ科	47
ミズナラ	35
ミソハギ科	40
ミツバアケビ	22
ミツバカイドウ	30
ミツバツツジ	51
ミツマタ	46
ムクゲ	46
ムクノキ	33
ムクロジ	44
ムクロジ科	44
ムベ	22
ムラサキシキブ	55
ムラサキハシドイ	54
メギ科	22
メグスリノキ	43
メタセコイア	17
モクセイ科	53
モクレン科	18
モチツツジ	51
モチノキ	56
モチノキ科	56
モッコク	48
モミ	15
モミジイチゴ	31
モミジバスズカケノキ	23
モミジバフウ	24
モモ	29

ヤ

ヤシ科	21
ヤツデ	59
ヤドリギ	46
ヤナギ科	40
ヤブツバキ	49
ヤブニッケイ	20
ヤマウルシ	41
ヤマグルマ	23
ヤマグルマ科	23
ヤマグワ	33
ヤマコウバシ	21
ヤマザクラ	28
ヤマツツジ	51
ヤマナシ	30
ヤマハンノキ	37
ヤマブキ	29
ヤマフジ	26
ヤマブドウ	25
ヤマボウシ	47
ヤマモモ	37
ヤマモモ科	37
ユーカリ類	41
ユキヤナギ	30
ユズ	44
ユズリハ	25
ユズリハ科	25
ユリノキ	19

ラ

ライラック	54
ラカンマキ	15
ラクウショウ	17
リョウブ	50
リョウブ科	50
リンゴ	30
レッドロビン	31
レンプクソウ科	57
ロウバイ	19
ロウバイ科	19
ローレル	20

写真・文
安田 守
やすだ・まもる

1963年京都府生まれ。千葉大学大学院修了。自由の森学園中・高の理科教員として生物などを担当。同校を退職後、生きもの写真家として長野県を拠点に、身近な里山の昆虫など広く生物を撮影している。著書に『骨の学校』（共著、木魂社）、『うまれたよ！モンシロチョウ』『うまれたよ！アゲハ』『うまれたよ！アリジゴク』『うまれたよ！オトシブミ』『りんごって、どんなくだもの？』（岩崎書店）、『集めて楽しむ昆虫コレクション』（山と渓谷社）、『イモムシハンドブック』（文一総合出版）などがある。

監修
中川重年
なかがわ・しげとし

1946年、広島市生まれ。前京都学園大学バイオ環境学部教授。神奈川県自然環境保全センター研究部専門研究員。専攻は、樹木の生態、広葉樹の立地と造林、森林バイオマス利用に関する研究。自然素材を利用した地域おこし、人と森林とのかかわりについての研究を行っている。著書に、『山渓ハンディ図鑑3-5 樹に咲く花』〔共同執筆〕（山と渓谷社）、『日本の樹木上・下』（小学館）、『検索入門　針葉樹』（保育社）などがある。

装丁・デザイン
城所 潤＋大谷浩介（ジュン・キドコロ・デザイン）

ロゴマーク作成
石倉ヒロユキ

参考文献

原寸イラストによる落葉図鑑
吉山寛、石川美枝子、文一総合出版

葉でわかる樹木　625種の検索
馬場多久男、信濃毎日新聞社

検索入門　樹木①②
尼川大録、長田武正、保育社

検索入門　針葉樹
中川重年、保育社

山溪ハンディ図鑑14　樹木の葉　実物スキャンで見分ける1100種類
林将之、山と渓谷社

※この本の植物の分類などについては、以下の資料を参考にしました。
改訂新版 日本の野生植物 全5巻
大橋広好、門田裕一、邑田仁、米倉浩司、木原浩 編、平凡社

「BG Plants 和名－学名インデックス」（YList）http://ylist.info
米倉浩司・梶田忠（2003-）

調べる学習百科
ひろって調べる 落ち葉のずかん

2018年11月30日　第1刷発行	発行者	岩崎弘明
	発行所	株式会社岩崎書店
		〒112-0005　東京都文京区水道1-9-2
		電話(03)3812-9131(営業)／(03)3813-5526(編集)
		振替00170-5-96822
著者　安田　守		
監修　中川重年	印刷・製本	大日本印刷株式会社

NDC471 ISBN 978-4-265-08632-0 76頁 29×22cm
©2018 Mamoru Yasuda Published by IWASAKI Publishing co.,ltd. Printed in Japan

落丁本・乱丁本は小社負担でおとりかえいたします。　ホームページ:http://www.iwasakishoten.co.jp
ご意見、ご感想をお寄せ下さい。e-mail:info@iwasakishoten.co.jp

本書のコピー、スキャン、デジタル化等の無断複製は著作権法上での例外を除き禁じられています。本書を代行業者等の第三者に依頼してスキャンやデジタル化することは、たとえ個人や家庭内の利用であっても一切認められていません。